腰腹緊實瘦身操

肉鬆大嬸Out！

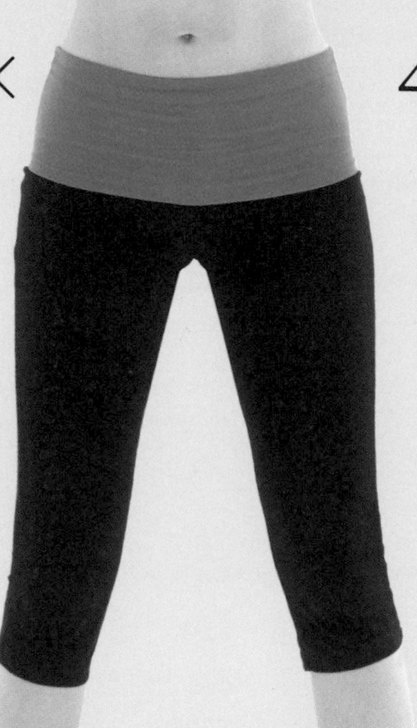

40個燃脂動作×4組全身緊實操

楊昕諭〈小霓老師〉——著

減肥一定要有恆心，懷孕胖20公斤的我也瘦回來了！

我一直覺得懷孕已經夠辛苦了，如果還要為了身材著想，這個不能吃、那個不能吃，真的會很憂鬱！我孕期胖了20公斤，懷孕時身材崩壞到連姐妹都怕我瘦不回去，只有我相信自己，因為我夠愛自己，我知道我生產後一定會努力運動。

我坐月子時會做一些簡單的運動，我從不給自己懶惰的藉口，坐完月子後在家帶小孩，只要有空檔時就會做核心肌群、腰部運動，我始終認為運動不用特別跑去健身房，在家也能做！除此之外，餵母乳時一定要吃得好，絕對不可以節食，否則寶寶喝得奶會不夠營養。

我靠在家做運動，3個月就瘦回來了，若是不知道該怎麼做運動的媽媽，買了這本書就等於帶了個教練回家，看著書、跟著做就可以了！小霓老師把她產後做的瘦身運動都教給大家，她產後不僅瘦回懷孕前的體重，甚至體態還比以前更好，我相信各位讀者媽媽們，一定也可以做到！

若是產後6個月內沒瘦回去，就會有惰性一拖再拖，等3年也瘦不回去的呀！還有不要看了書就覺得「動作那麼簡單能瘦嗎」的想法，運動最重要的是要有恆心，要減肥靠運動才是王道，希望每個媽媽看了這本書，都能乖乖運動，跟著小霓老師一樣瘦回去喔！

知名藝人 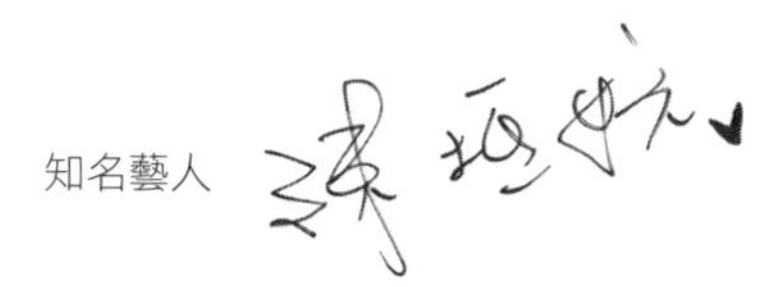

這本書收錄了昕諭老師的產後瘦身操，想瘦身一定要看！

因為主持運動節目認識了昕諭老師，對她可以說是一見鍾情吧！從她單身到當媽，每個階段我都有參與到，她總是那麼有活力、那麼的快樂，還有她那令人超級羨慕的身材。快樂真的是會被感染的，每次和昕諭老師合作，整集節目錄下來歡笑聲不斷，她的聲音是甜美的、表情是優美的，相反的我已經毫無形象可言，只有哀嚎聲呀！

每次運動後，雖然全身很痠但還是很甘願 ，只要想到越痠、越累，就離老師的完美身材更近一步，當然什麼都好啦！你能想像一個表情扭曲、淒慘叫聲的主持人，和一個面不改色、溫柔數著拍子的老師，在同一個螢幕中有多好笑嗎？

記得有一次老師頂著顆大肚子來探班，她依然美麗、依然朝氣十足，還蹦蹦跳跳的（一般孕婦請勿學習，老師有練過），她臉上也沒有一點疲累或是孕期不適的感覺。很快的，老師可愛的小公主誕生了，更快的是她的身材竟然這麼快就恢復了，就像沒發生過任何事情一樣，真是太神奇了！

我想她的祕訣應該就是產後維持運動、保持心情愉快，才會在她的身上看到如此神奇的奇蹟！現在她把自己產後瘦身所做的「產後瘦身操」出版成書，相信各位產後的媽媽們，看了這本書並持之以恆地運動，就能像老師一樣，瘦回完美的體態喔！

知名藝人 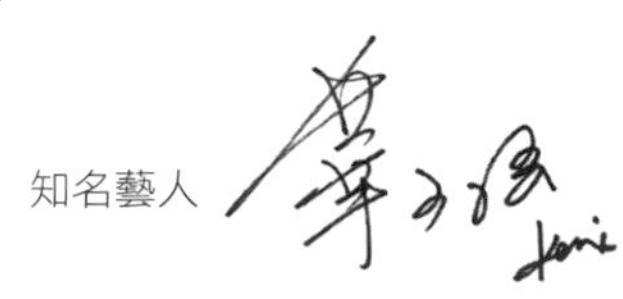

別因為結了婚、生了孩子，就覺得自己的職稱為黃臉婆，女人～妳的名字叫「美麗」！

從小接觸舞蹈的我，對於身材總是十分要求，深怕自己的身材在舞台上會是一個肉肉的天鵝；長大後開始教舞，對於體態更是注意，因為除了教授小孩舞蹈，還教授成人如何用舞蹈來瘦身，自己的身材就是個活招牌，「說別人之前，先看看自己」這也是我對於身材總是執著的地方！

一路走來，對於自己的身材總能引以為傲，我在每天課餘時間還是會鍛鍊自己，讓自己在學生面前總是呈現完美體態。但人生啊～總是一個階段、一個階段在進行著，還是得面對現實，該來的還是要來，現在我已結了婚、生了個可愛寶貝，可是懷孕初期時，醫生卻叮嚀我胎盤過低必須臥床安胎，所以在初期階段我便將所有的課程全都暫停，只希望能讓肚子裡未出世的孩子能如期出生，不要提早報到，所以我便為她取了個小名叫「等等」，希望她能多等等，準備好了再出生。

攝影：鄭[illegible]華

當然我希望「等等」是個健康寶寶，因此懷孕時的「食補」是免不了的！我很感謝我的婆婆總是幫我準備豐富的食補，我的貼心老公也很努力工作讓我安心養胎，所以在每天吃吃喝喝的孕程中，我一共胖了18公斤，18公斤！！這對一個從有記憶以來，就對自己身材相當要求的我、連多個0.5公斤都斤斤計較的我，這增加的18公斤是多麼恐怖的事情！

但母愛是偉大的，只要每次產檢醫生說寶寶是健康的，那就算讓我再重100公斤，我也甘之如飴！終於在美麗的三月，「等等」誕生了，3227公克，是個健康可愛的娃娃，可是那18公斤卻沒因「等等」出生就瞬間消失。我站在鏡子前，看著懷裡的「等等」，看著身上令人懼怕的肥肉，而我也無法穿上孕前上課時的衣服，這讓我以往的自信全沒了，我最引以為傲的身材不見了！因此我立誓，要在短時間內讓自己恢復以往的身材！

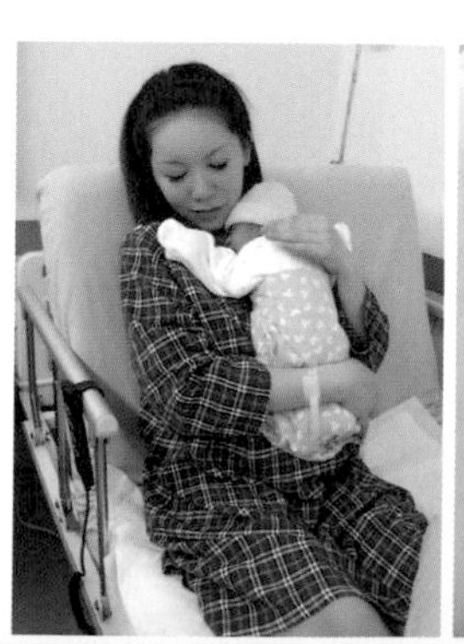

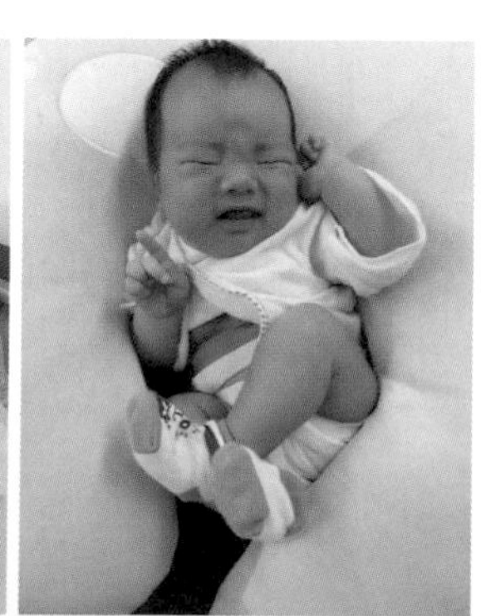

由於生產時，骨盆腔因生產太過用力而有損傷，導致以前腰部舊傷復發，加上整個孕程都在吃吃喝喝，這讓我從運動好手變成了多走些路就會喘的普通人，所以我開始著手規劃一些瘦身動作，讓自己在月子中能先開始做些簡單運動，出月子中心後也持續做這些瘦身動作，來讓自己身材恢復。飲食方面我不會因減肥而少吃，因為生產是會讓女人元氣大傷的，所以該吃的還是要吃，該補的還是要補，更重要的是因為我有餵母奶，而寶寶的營養全部來自於母親的奶水，更應該要吃得營養、吃得健康！

但要特別叮嚀，千萬別在月子時節食，除了更摧殘自己元氣大傷的身體之外，更無法讓自己可愛的寶寶得到充分營養，得不償失啊！在這幾個月裡，我透過「產後瘦身操」成功地瘦下來了，瘦得健康、瘦得漂亮，不用抹瘦身霜、不用吃減肥藥，更不用節食來苦了自己和寶寶，當然「等等」也就白白胖胖～因為除了喝母奶，每天還洗母奶澡，這都是取決於我每天飲食均衡，奶量當然就充足啦！

現在我已經瘦回了以往的身材，以前的衣服又都穿得下了，在短短幾個月裡，我的自信又回來了！我抱著「等等」出門時，大家都不相信幾個月前的我，還是個孕婦呢！所以只要有心，妳一定可以像我一樣！世界上沒有「醜女人，只有懶女人」這是我常常跟學生說的話，「女悅己者容」這句話我最喜歡，別因為結了婚、生了孩子，就覺得自己的職稱為黃臉婆，女人～妳的名字叫「美麗」！

但仍要特別提醒，運動前最好先詢問您的婦科醫生，看看是否能開始運動了喔～還是一句老話「量力而為」啊！最後，我想說的是，當了母親之後，才知道母愛的偉大，在此向全天下的母親說聲「您辛苦了！」

本書作者 楊昕諭
小霓

PART 1 掌握黃金關鍵期，產後瘦身更Easy

PART 2 局部雕塑操，針對肥胖部位強力打擊

PART 3 進階組合操，強效燃脂練出完美曲線

PART 1

掌握黃金關鍵期，
產後瘦身更Easy

注重身材的小霓老師，懷孕竟然胖了18kg，產後3個月靠自創的「產後瘦身操」就瘦回來！「產後瘦身操」不僅可以鍛鍊核心肌群又能提升肌力訓練，徹底打擊產後肥胖問題，甚至也有揹巾背寶寶、躺餵的瘦身操動作，讓產後媽咪們瘦身更容易！

產後瘦身疑問大破解，婦產科醫生來解惑

底下由**聯合醫院陽明院區婦產科主任・朱繼章**來為各位產後媽咪解惑！

Q 產後瘦身的關鍵期是6個月嗎？什麼時候開始瘦身比較好？

A 懷孕的時候，建議平均1個月重1KG，整個孕期下來胖10KG左右是最理想的，若是胖到20KG就有點太多了。如果你很在乎體重，其實孕期就不要胖太多，這樣之後瘦身才不會這麼辛苦。很多人都說產後瘦身的關鍵期是6個月，這一定是當然的，因為越晚動、越不動，油脂定型後就很難消除了，我甚至建議滿月後，就要開始運動（若你生產時有狀況則例外，需再請教自己的婦產科醫生）！

Q 生產完肚子的肉好鬆，何時可以穿束腹帶、瘦身衣？

A 醫學上並沒有明確規定什麼時候不能穿，生產完想穿就可以穿了。剖腹產的媽媽，醫生會建議穿上束腹帶是因為要固定傷口，而自然產的媽媽則什麼時候穿都可以，但穿的時候請不要穿著24小時，否則會讓身體很不舒服。我建議想要瘦身，還是要搭配運動的效果才會好。

Q 剖腹產的人，生完後大約要多久才可以運動？

A 不論剖腹產或自然產，通常坐完月子就可以運動了！除非你的傷口有問題，建議運動前可先評估自己復原狀況或請教自己的婦產科醫生。那要做什麼運動比較好？建議初期先從和緩的運動，或是自己熟悉的運動來做，例如懷孕前有游泳的就去游、有做瑜珈的就去做，或是走路也是個很好的運動，因為能增加自己的心肺功能。

這裡說的走路，是指「快走」，要讓自己走到心跳加快、走到流汗，而且至少要走30分鐘才能消耗熱量。

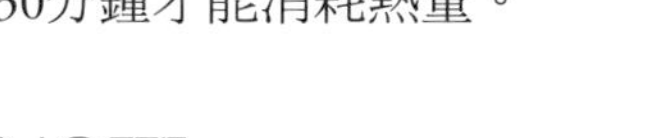

NOTE

一定要培養「規律性」、「持之以恆」的運動習慣，做任何運動都是一樣，只要能培養並遵守這兩個好習慣，離瘦身成功之路就不遠了。

Q 餵母奶真的會變瘦嗎？

A 餵母奶會變瘦，這是肯定的！因為餵母奶會消耗熱量，若是再搭配「聰明飲食」，體重自然就會下降了。但是很多人跟我說：「餵母奶的時候肚子很容易餓，而且又要吃得營養，怎麼可能瘦得下來？」我想跟大家說，吃得營養和熱量高，並不會畫上等號，食物的烹調方式有很多種，例如一條魚的烹調方式可以煎、炒、炸、蒸，用蒸的方式當然能吃到最多營養，而且攝取的熱量最低！

Q 坐月子的時候吃得好補，這樣怎麼可能變瘦？

A 坐月子的時候，千萬不要再胖下去了，否則接下來會很難瘦。坐月子的時候我們要掌握「聰明飲食」的方式，若是再搭配餵母奶，體重一定會減少！家人幫我們進補的時候，千萬不要大補特補，可以請他們準備「魚湯」來取代「花生燉豬腳」、「麻油雞」，這樣攝取到的營養絕對夠，而且熱量還很低呢！

Q 產後瘦要遵守的「聰明飲食法」是什麼？要怎麼吃？

A 其實不管任何減肥都要遵守「聰明飲食法」，聰明吃、輕鬆動，就能瘦得下來。平常建議減少澱粉攝取，例如用五穀雜糧來取代，或是改吃半碗飯。紅肉少吃，以雞肉、魚肉來代替，這樣攝取的蛋白質高、熱量反而比較少，若是你仍選擇吃炸雞、烤鴨、佐料用很多的料理，那對減肥來說只是途勞無功。

NOTE

聰明飲食法 KEY POINT

- 越精緻好吃的食物熱量越高，例如小蛋糕、麵包、蛋塔等。
- 食物的烹調方式會決定熱量與營養，這些道理其實你都懂，能不能遵守取決於你的意志力。
- 白飯可以五穀雜糧或玉米來取代，紅肉少吃改吃白肉，多吃蔬菜。

Q 我在餵母奶，所以不應該減肥？

A 減肥不等於節食！想成功瘦下來，要遵守的原則就是「聰明吃+輕鬆動」，減肥並不是要你什麼都不吃，所以就算在餵母奶，仍是可以減肥的，因為只要遵守「聰明飲食」的方式，反而吃得更營養、熱量更低，而且也不會影響奶量，對餵母奶的媽媽們來說更有助益。

Q 水腫、便祕、橘皮，可以透過運動來改善嗎？

A 懷孕時因為肚子裡多了一個小孩，身體內的液體量大增、循環功能變差，容易造成水腫、便祕、橘皮、妊娠紋等問題。這些問題在產後，其實都可以透過運動來改善，但並非一朝一夕就能看到效果，必須要持之以恆的運動，才能漸漸改善這些問題。

Q 餵母奶時，不要吃刺激性的食物、不要吃冰的？

A 哺乳時可不可以吃刺激（辣）的食物、冰品？其實在西醫的角度並沒有禁止，而且歐美等先進國家也沒有這方面的禁忌。但是冰品在製造的過程容易有細菌，通常食物必須煮沸後才能減少細菌，但冰品少了這道加熱過程，所以較容易有細菌、微生物滋長，所以哺乳媽媽在食用時仍要特別注意。另外，刺激（辣）的食物，熱量都比較高，因此想要瘦身的媽媽們，還是盡量少食用這些食物吧！

小霓老師產後瘦身經驗分享

懷孕胖18kg，產後聰明瘦回來

我整個孕期胖了18公斤，但是產後3個月就全部瘦回來了，除了勤餵母奶之外，聰明飲食+做產後瘦身操，都是我瘦下來的主要原因。我是個相當注重身材的舞蹈老師，也因懷孕而讓自己胖到不想拍照，非常能理解每個產後媽咪想瘦下來的心情，所以**這本書我特別針對想瘦身的媽咪們，設計了能強效燃脂的「產後瘦身操」**，甚至還有躺餵或揹著寶寶能做的運動，相信只要每天抽空做這個「產後瘦身操」，媽咪們很快就能恢復苗條身材（當然如果爸比們想跟著一起做，也非常歡迎喔！因為這些動作對燃脂效果是非常好的呢）。

NOTE

做瘦身操前，請先評估自己的身體是否適合，或是詢問自己的婦產科醫生。

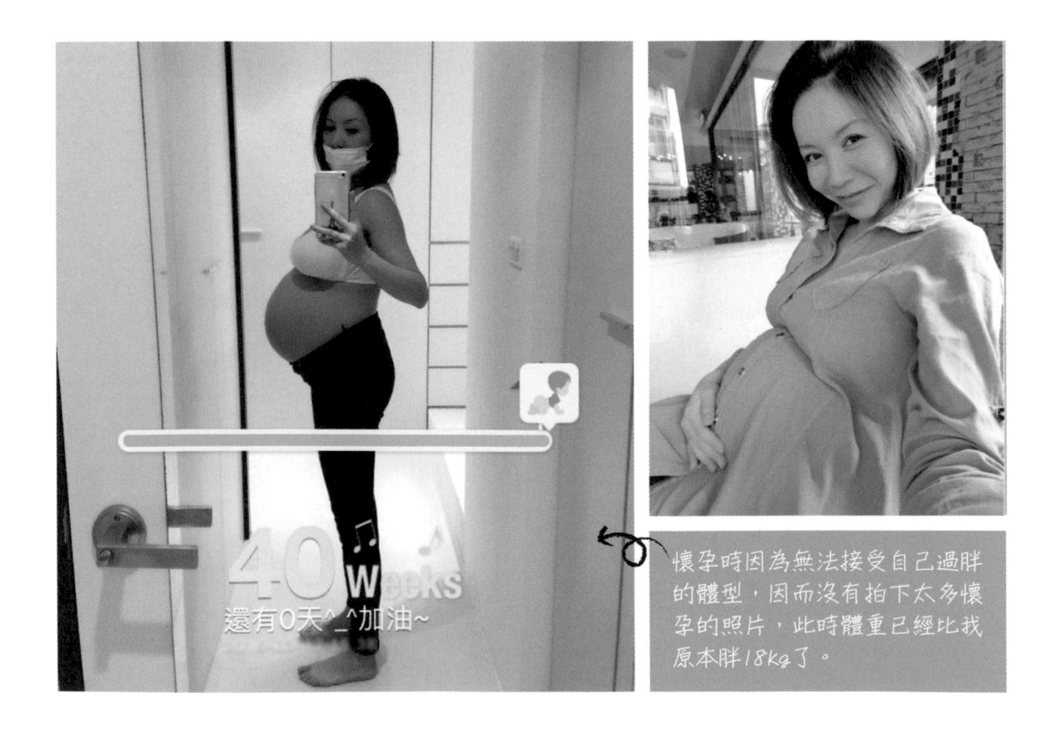

懷孕時因為無法接受自己過胖的體型，因而沒有拍下太多懷孕的照片，此時體重已經比我原本胖18kg了。

孕期胖了18kg，食量大增、運動停擺

由於我的身分是舞者、舞蹈老師，因此我在懷孕前一直維持著完美體態，但在懷孕後我就完全停止運動了，因為我的胎盤過低，醫生叮嚀我盡量平躺。這10個月來，我幾乎沒做任何運動，頂多偶爾在家裡抬抬腳、拉拉筋，孕期中錄了二集孕婦伸展節目（對孕婦而言，其實這也算運動了，哈哈）。

除此之外，懷孕前其實我都隨便吃（甚至可以每天吃泡麵），但懷孕後，由於母性的本能，想給寶貝最好的，我告訴自己一定要吃得很營養，然而也發現……懷孕後的胃口逐漸急速增加！懷孕前原本只吃半個便當就飽，但是到了懷孕中期可以吃掉一個便當，而到懷孕後期甚至吃掉一個半的便當，都還是沒有飽足感啊！

攝影：鄭裔華

攝影：鄭裔華

雖然覺得自己胖，卻還是趁懷孕時去拍了孕婦寫真，想留給自己與寶寶一個紀念。

聰明吃、輕鬆動，迅速回到產前體重

其實產後我的食量還是很大，由於餵母奶的關係，營養方面必須特別注意，我會盡量**減少澱粉的攝取，每天一定一顆蛋，正餐以青菜、肉、水果為主**，但可別以為這樣就吃不飽，我每天可是吃得飽又吃得很營養喔！除此之外，產後2個月我才開始運動，一開始我是先用慢走的方式，希望能恢復以往的心肺功能，然後主要做些肌力、增強肺活量的運動，重點要放在鍛鍊腹部核心肌群上，這樣對瘦肚子最有效果！

我超提倡餵母奶，可以瘦身又能和寶寶的關係更加親密，而且母奶對寶寶是最營養的萬靈丹。

◎小霓老師產後飲食

飲食	說明
早午餐	●因為當媽媽後真的沒什麼時間，所以早午餐會一起吃，例如吃一個貝果，裡面夾了起士、蛋、火腿、培根、黃瓜等。 ●可以再搭配一杯無咖啡因的國寶南非茶來喝。
晚餐	●飯量減半，搭配少油青菜牛肉+菇類，炒成一盤吃，這樣不僅含有豐富蛋白質，也能吃得很飽。 ●若覺得嘴饞，可以再準備1顆蘋果或1個芭樂，切成小塊來食用，這樣讓嘴巴吃得很累，就自然吃得少。

NOTE

餵母奶真的會瘦！建議早上起床空腹的第一件事，就是先擠母奶，因為擠餵母奶本來就是一個消耗熱量的運動，空腹做運動是相當消耗脂肪的，當然擠母奶也是！所以一早起床空腹擠母奶，減脂效果非常好！

我知道當了媽媽後真的沒什麼時間可以運動，就算有時間也是抓緊時間趕快補眠，但是我真的很在乎我的身材，所以會趁寶寶睡著的時候，來做一些局部瘦身操（可以參考本書PART2的動作），甚至有些是針對揹寶寶、躺餵來設計的，就是希望產後媽咪們能利用時間來瘦身。另外，運動時要記得配合本書裡我寫的「吸氣」、「吐氣」來做，這樣才能讓肚子用力，鍛鍊到腹部核心肌群，趕快讓產後的肚子瘦回來喔！

我想告訴剛生產完的媽咪們，雖然擠奶、餵奶很辛苦，但為了自己能瘦身、寶寶的身體健康著想，千萬不要輕易放棄母奶之路喔！

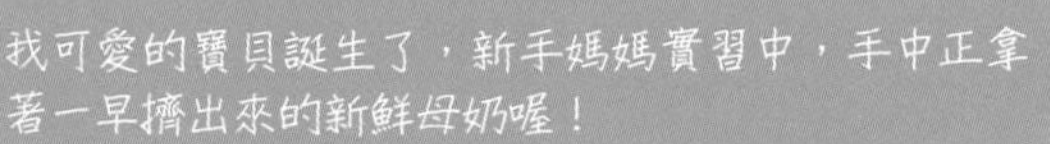

我可愛的寶貝誕生了，新手媽媽實習中，手中正拿著一早擠出來的新鮮母奶喔！

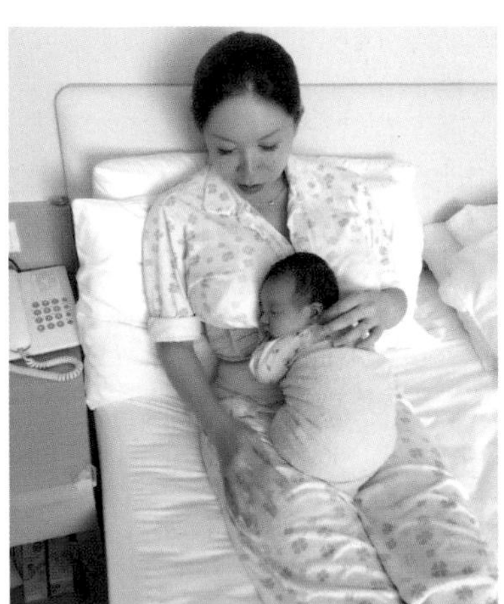

局部&進階瘦身操，訓練肌力健康瘦

我所設計的「產後瘦身操」，是結合了皮拉提斯、瑜珈、拉筋、訓練肌耐力等動作，甚至有些是揹寶寶、躺餵都可以做的動作。PART2主要著重在局部瘦身的部分，例如剛坐完月子、還在手忙腳亂的媽咪，可以利用小孩睡覺的時間來運動，也可以藉由運動來排除產後緊張喔！PART3主要著重在全身瘦的進階組合操，介紹了從暖身、瘦身操、收操等動作，為了讓大家可以跟著我一起動作，這個單元我也特地錄製了QR CODE運動影片，各位媽咪們可以跟著我一起做，瘦身效果很好喔！

NOTE

這本書裡設計的產後瘦身操，因為有鍛鍊到肚子的核心肌群，除了瘦肚子的效果之外，也有改善便祕的功效喔！

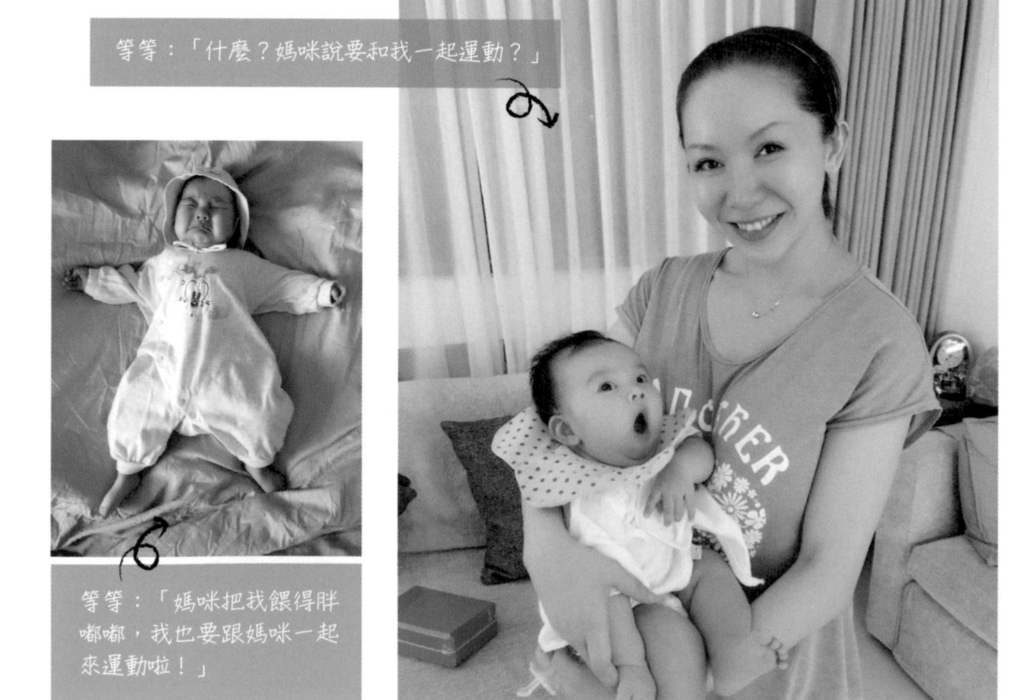

但是做PART3瘦身操的時候，一定要先從「動態熱身操」開始做，我常常把運動順序比喻成開車，例如開車前要先發動、暖車再開，如果沒有暖車就加速狂衝，車子就容易會壞掉的。以此類推，在**做任何運動前，若沒有先熱身，讓自己的心跳值達到一定的頻率再運動的話，很容易會造成運動傷害**。然而在做完運動後也要做「靜態伸展操」來收操，試想如果開車時突然熄火，車子是不是很容易壞掉呢？所以做完運動後，我們也要做靜態伸展操來舒展我們的肌肉喔！

小霓老師產後快瘦祕訣

- ☑ **擠母奶**：早上起床空腹時擠母奶，燃脂效果更佳。
- ☑ **餵母奶**：全親餵母奶，等於幾小時就運動一次，真的是利己利「寶」的行為啊！
- ☑ **聰明吃**：盡量不吃澱粉，吃青菜、水果、肉。
- ☑ **輕鬆動**：做這本書的產後瘦身操。
- ☑ **增強度**：將運動漸漸增加強度，例如原本拿0.5KG的啞鈴，可以漸漸再增加。

史上第一本！專為產後設計的瘦身操

這本書裡設計的「產後瘦身操」，動作簡單又能達到運動效果，PART2的局部瘦單元裡，每個運動大部分是3個動作就能完成，甚至結合了皮拉提斯、瑜珈、拉筋、訓練肌耐力等動作，鍛鍊核心肌群的效果很好，只要每天持之以恆抽空做，相信就能讓你恢復完美的體態！

本書運動單元介紹

剛坐完月子、沒什麼時間的媽媽，可以利用小孩睡覺的時間來運動，這時就可以參考本單元所設計的動作，針對想要瘦的部位來練習。

產後一段時間，比較有時間的媽媽，可以搭配此單元附上的QR CODE連結，跟我一起來運動，全身燃脂效果很好喔！

產後速瘦方程式

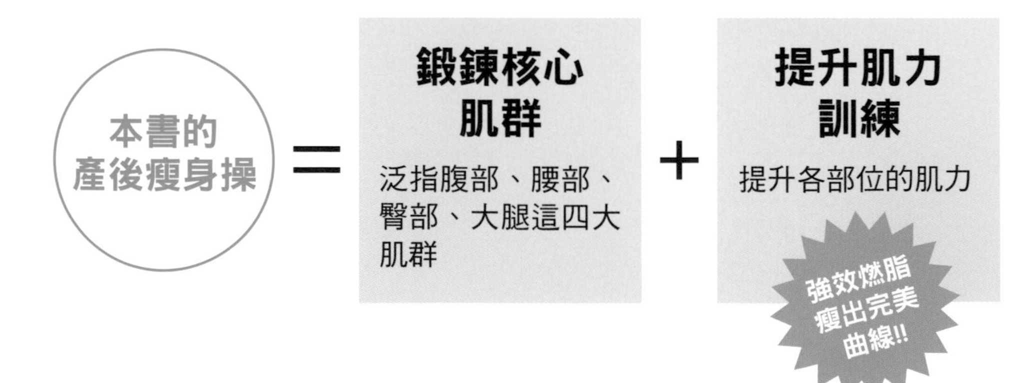

產後速瘦POINT1：鍛鍊核心肌群

近幾年大家開始注重鍛鍊肌肉的重要性，減肥再也不想減成皮包骨，而是想鍛鍊肌肉、成為有線條的美女。我所設計的「產後瘦身操」，快瘦的祕密就是鍛鍊到了「核心肌群」！什麼是核心肌群呢？它指的是腹部、腰部、臀部、大腿的肌肉，這四群肌肉在身體的肌肉中佔有很大的一部分，是人體最重要的肌群。

人體不管做什麼樣的動作，一定會用到核心肌群，舉凡生活中的走路、跑步、吃東西等等，因此若是核心肌群功能強，那麼我們在做跳躍、轉體動作時，速度與力量就會更快、更強，這也代表著我們的燃脂率和代謝率就強。

相反地，核心肌群若無力，那麼身體就容易腰痠背痛、肩頸痠痛，脂肪容易堆積在臀部、腰部、大腿，而且常常會落枕、閃到腰，甚至造成骨盤歪斜等問題，對健康的危害非常大喔！

鍛鍊核心肌群的好處

- ✔燃脂力上升
- ✔代謝率上升
- ✔活動更輕鬆
- ✔痠痛不再來

核心肌群位置

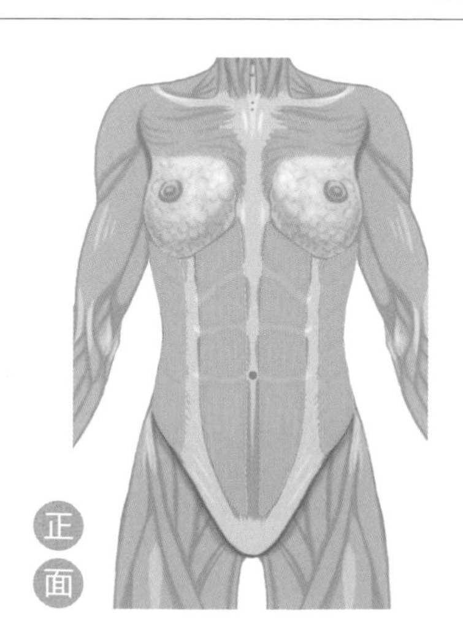

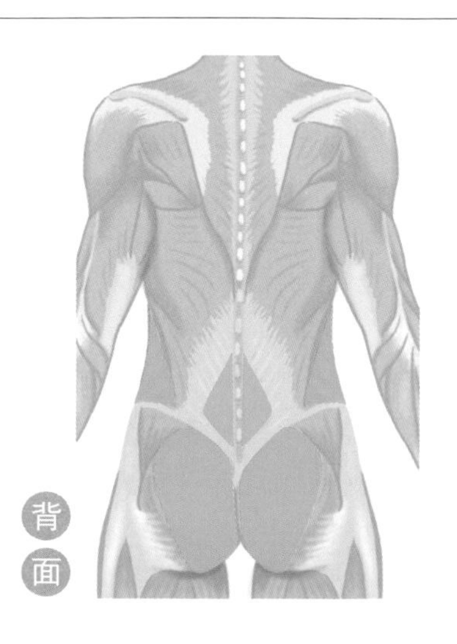

產後速瘦POINT2：提升肌力訓練

產後想要快速回到苗條的體態，除了鍛鍊核心肌群外，也要強化肌力訓練，本書設計的「產後瘦身操」裡，完全兼顧了這兩大部分（鍛鍊核心肌群、訓練肌力），所以只要每日持之以恆來練習，很快就能像我一樣，把孕期增胖的18KG通通消滅。

為什麼要提升肌力訓練呢？因為人體肌肉是日常生活都會使用到的，例如走路需要用到腳的肌力、吃飯拿東西則需要用到手部肌力、各種動作都會用到肌力。肌肉能力越強，就能提升基礎代謝率、增加熱量消耗，除了幫助瘦身的功效很大之外，還能延緩老化、減少疾病，讓身體更健康喔！

提升肌力的好處

- ✓增加熱量消耗
- ✓讓身體更健康
- ✓提升燃脂代謝
- ✓減少疾病問題

女性重要肌肉圖解說

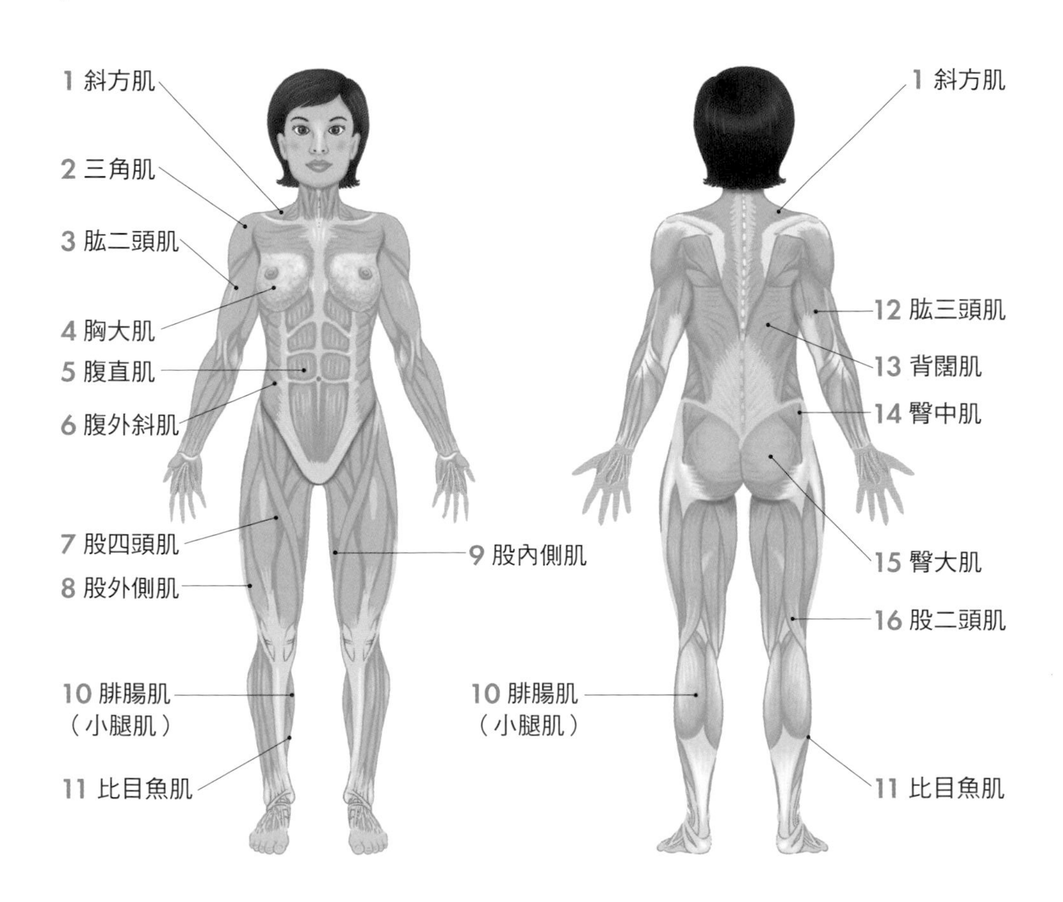

◎各部位肌肉特色

1 斜方肌 》》纖背運動可翻至本書P.102

屬於肩部肌群，鍛鍊這個部位可以矯正駝背，讓體態挺直更好看。

2 三角肌 》》纖背運動可翻至本書P.102

和斜方肌一樣，同屬於肩部肌群，鍛鍊這部位可以讓肩膀更易於活動，手臂、肩膀不卡卡。

3 肱二頭肌 »纖臂運動可翻至本書P.36

屬於前臂肌群，鍛鍊這部位可以擊退手臂的贅肉，讓手臂線條更好看。

4 胸大肌 »美胸運動可翻至本書P.112

女生的胸部是由肌肉脂肪、乳腺來構成，鍛鍊胸肌可以讓上胸更飽滿，胸型更好看。

5 腹直肌 »瘦肚運動可翻至本書P.46

屬於腹部肌群，腹部脂肪很容易堆積在這裡，訓練這個部位可以讓腹肌更發達，打造出令人稱羨的腹肌。

6 腹外斜肌 »瘦肚運動可翻至本書P.46

屬於腹部肌群，收縮時可使軀幹彎曲旋轉，防止骨盆前傾，對腰椎活動相當有幫助。

7 股四頭肌 »瘦腿運動可翻至本書P.80

屬於大腿肌群，大腿肌群是全身體積最大的肌肉（包含股外側肌與肌內側肌），主要讓人在跑步、攀登、踢動時，可以讓膝蓋伸直，並維持人體直立姿勢。鍛鍊這部位可以強化膝蓋，預防膝蓋痛問題。

8 股外側肌 »瘦腿運動可翻至本書P.80

屬於大腿肌群，位於大腿前外側，伸展小腿時會使用到這個肌群。

9 股內側肌 »瘦腿運動可翻至本書P.80

屬於大腿肌群，大腿內側肌是很難瘦的部位，鍛鍊這個部位就能擊退內側脂肪，讓線條更好看！

10 腓腸肌（小腿肌）»瘦腿運動可翻至本書P.80

屬於小腿肌群，位於小腿肚的位置，小腿粗壯、蘿蔔腿等主因，就是腓腸肌過於發達。

11 比目魚肌 》》瘦腿運動可翻至本書P.80

屬於小腿肌群，走路、時間長的耐力訓練主要是依靠這個肌肉，加強此肌肉的鍛鍊，可以讓小腿更細長好看。

12 肱三頭肌 》》纖臂運動可翻至本書P.36

屬於上臂肌後的肌肉群，作用是使肘關節伸展，訓練這個部位，可以打擊鬆垮垮的蝴蝶袖。

13 背闊肌 》》纖背運動可翻至本書P.102

這個部位非常有助於體形的改善，能讓你的身體線條更有型，也能襯托出腰部的纖細感。

14 臀中肌 》》翹臀運動可翻至本書P.68

屬於臀部肌肉，這個部位非常重要，無力的話容易造成膝蓋內側痛、足跟外翻、足弓低等問題。訓練這個部位，可以讓屁股上緣飽滿、屁股更圓潤，呈現出漂亮的弧度。

15 臀大肌 》》翹臀運動可翻至本書P.68

屬於臀部肌肉，訓練這個部位可以讓臀部線條更好看、讓屁股更翹，通常指的臀部「微笑曲線」就是這裡。

16 股二頭肌 》》瘦腿運動可翻至本書P.80

大腿後側的肌肉，主要負責控制膝蓋彎曲、大腿伸展的動作，鍛鍊這裡可以穩定膝蓋，減少拉傷的機率。

小霓老師推薦，產後瘦身好物大公開

運動輔助工具

運動時我會搭配一些工具來增加強度，本書設計的所有運動，初期可以先空手，不要拿輔助工具來練，當運動一陣子後覺得強度不夠，就可拿啞鈴、瑜珈磚、彈力帶等來搭配動作，增加運動強度。例如啞鈴可以先從0.5KG開始（書裡我都是拿0.5KG的來示範），若覺得強度不夠再慢慢增加重量。

↑啞鈴初期可以先從一個0.5KG兩個加起來共1KG來使用，這個顏色是我最喜歡的桃紅色，而且還用止滑雙色泡棉包覆，更好拿好握（LUX YOGA／有氧韻律啞鈴組）。

↑彈力帶建議選擇用天然乳膠材質製作，無毒、無塑膠異味，而且回彈力很好，韌性佳不易斷裂的才安全（LUX YOGA／瑜珈伸展彈力帶）。

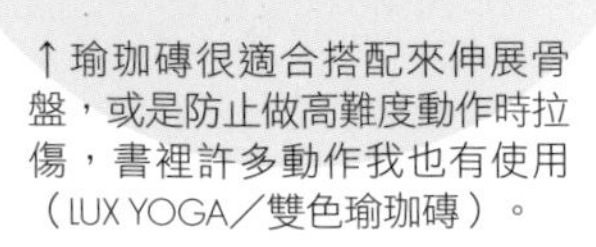

↑瑜珈磚很適合搭配來伸展骨盤，或是防止做高難度動作時拉傷，書裡許多動作我也有使用（LUX YOGA／雙色瑜珈磚）。

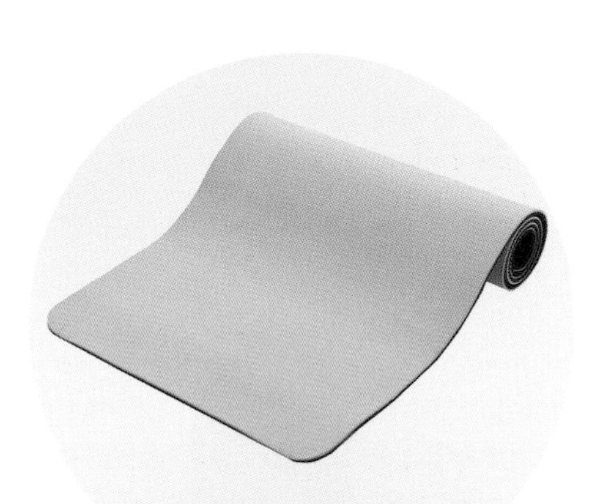

↑採用環保POE材質、厚度適中、特殊加長設計的瑜珈墊，使用起來更方便（LUX YOGA／POE環保瑜珈墊）。

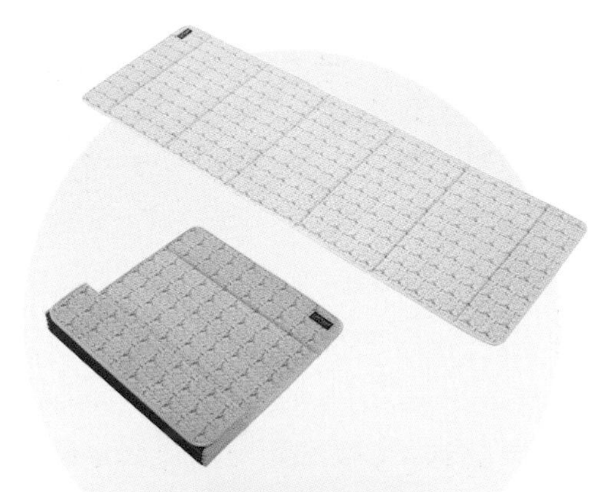

↑折疊式的瑜珈墊，可以針對不同的動作來調整瑜珈墊的厚度，做不同的運動可以用不同的厚度來訓練，而且設計的結構紮實不會翹邊、止滑度很好。（LUX YOGA／日系抗菌摺疊瑜珈墊）。

修飾塑身衣褲

產後有可能因為正在哺乳或是胸型下垂鬆垮等問題，暫時無法穿回產前的內衣，因此一般會選擇運動內衣或哺乳內衣來穿著。市售有包覆性強的運動內衣，標榜「三段式好胸杯型」，不壓胸、不論大胸小胸都適合，而且彈性好、吸濕排汗效果佳，很適合運動時穿著喔！

←包覆性強，不僅可穩定包覆而且舒適又透氣，很適合運動時穿著。（Fitty／極動星光 背扣式運動內衣）

除此之外，產後媽媽最擔心的就是腹部的贅肉，除了搭配運動外，還可以穿著加強腹部的塑身衣、塑身長褲，這樣就可以聰明地把鬆軟的贅肉藏起來，底下這幾件都是我超級推薦的唷！挑選時建議要朝「舒適+修飾」等多重功能來選擇，穿著時更要以「方便舒適不緊繃」為原則，這樣外出時就能修飾腰部曲線、平坦小腹，把肚子的贅肉給藏起。

↑塑腰性極佳！採用一體成型設計可免穿內褲，私密處用抗菌除臭織布來設計，重點是可以完美包覆腹部贅肉而且不會下滑，服貼好穿超級推薦！（Fitty／加壓塑腰小V褲）

↑這個塑腹高腰壓力褲是由專業物理治療師協同設計，不壓胃、不下捲，還可以當一般內搭褲穿著呢！（Fitty／塑腹高腰壓力褲）

↑針對惱人的腹部肥肉設計，特別在腹部中央用菱形織紋加壓，針對腹部來集中雕塑，褲底採用雕空設計，穿脫時很方便。（MARENA／腹部加強美體塑身衣）

小霓老師：

PART 2

局部雕塑操，針對肥胖部位強力打擊

產後沒時間運動？小霓老師特別設計的「局部雕塑操」，大部分的運動都在3個動作內即可完成，不僅簡單還結合了皮拉提斯、瑜珈、拉筋、訓練肌耐力等動作，可鍛鍊核心肌群更能提升肌力訓練，減脂、雕塑身材效果一級棒！

纖臂操01

手臂合掌

次數 每個方向各10次十回合，中間休息15秒
進階 拿啞鈴

強化部位

三角肌主　斜方肌次
肱二頭肌主　肱三頭肌主

1 雙手合掌放胸前，手肘與肩平高。將雙手向上延伸，同時將雙手手肘夾緊，並向上延伸彈動10次。

2 雙手伸直向前，手掌持續合掌。雙手臂向前伸直時，手肘分開，彎曲時手肘夾緊，共做10次。

3 回起始位置，雙手掌向上越過頭部，手肘盡量夾緊不放鬆，並且向後彈動10次。

4 手肘夾緊，下手臂左右搖擺10次。

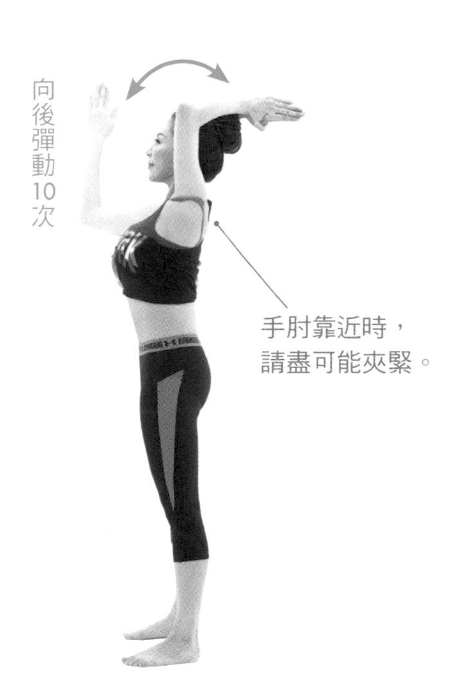

動作時可拿啞鈴，強化手臂肌肉。

進階版可以更加鍛鍊到肱二頭肌，擊退手臂的贅肉，讓手臂線條更好看。

纖臂操02

手臂彈動

次數 50次四回合，中間休息15秒
進階 拿啞鈴

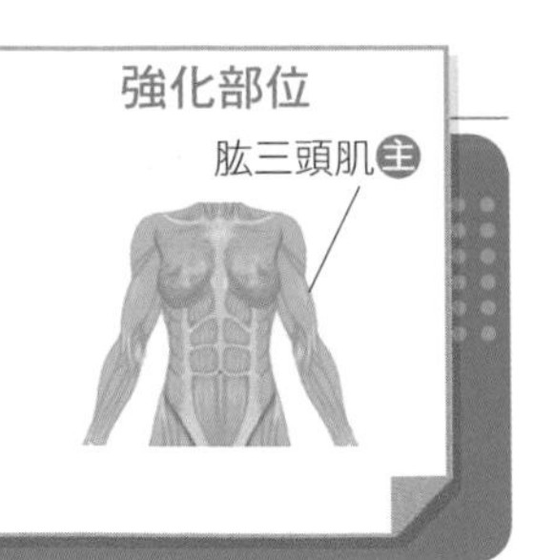

1 站姿坐姿亦可（若坐姿請勿選擇靠背的椅子）。收腹挺胸，雙手伸直，手掌相對放於身體後方。

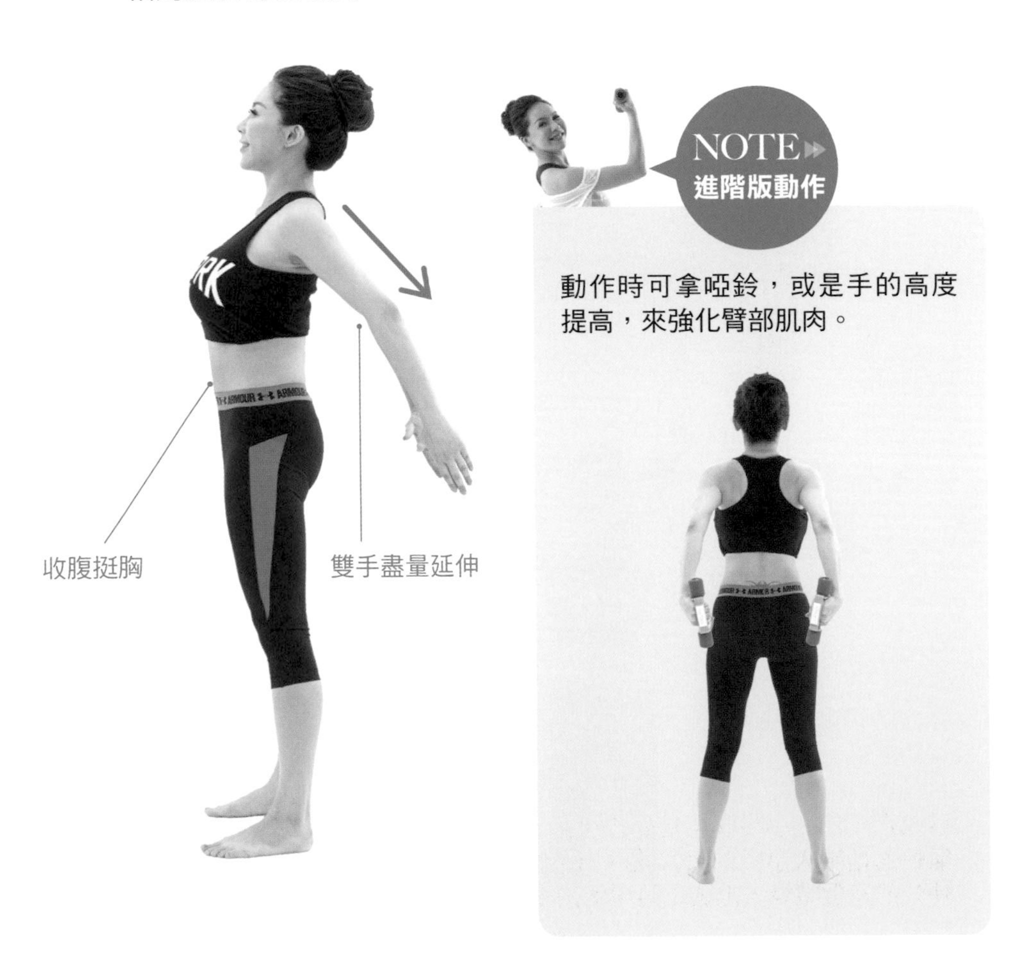

動作時可拿啞鈴，或是手的高度提高，來強化臂部肌肉。

2 雙手掌相對，相距約20公分，向內彈動50次。

★手掌相對並向內彈動50次。

這個運動的每個步驟可搭配「小狗式呼吸法」，意思就是急促的喘氣，把氣快速地吸入小腹，再快速吐出，很像小狗在喘氣。這種呼吸法類似快吸快吐的急促喘氣，能強化腹肌的力量。

纖臂操03

手臂旋轉

次數 20次五回合，中間休息15秒

進階 拿啞鈴

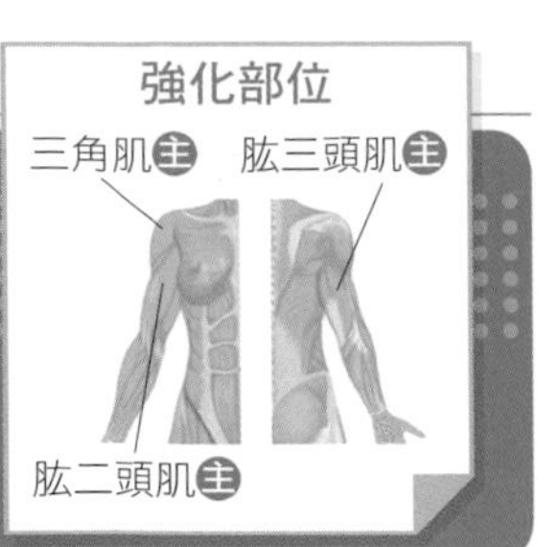

1 雙手向旁平舉，手心朝下。
均衡你的呼吸即可。

左手的大姆指向前。

2 雙手臂順時針轉動，
雙手手心朝上。

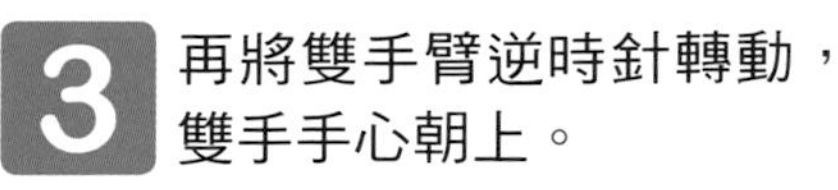

再將雙手臂逆時針轉動，
雙手手心朝上。

雙手臂需與肩膀平行，
動作時不低於肩膀。

動作時可拿啞鈴，
強化臂部肌肉。

拿啞鈴來做動作可增強強度，有效鍛鍊到肱二頭肌、肱三頭肌，徹底擊退手臂掰掰肉。

纖臂操04

手臂平舉

次數 20次五回合，中間休息15秒
進階 拿啞鈴

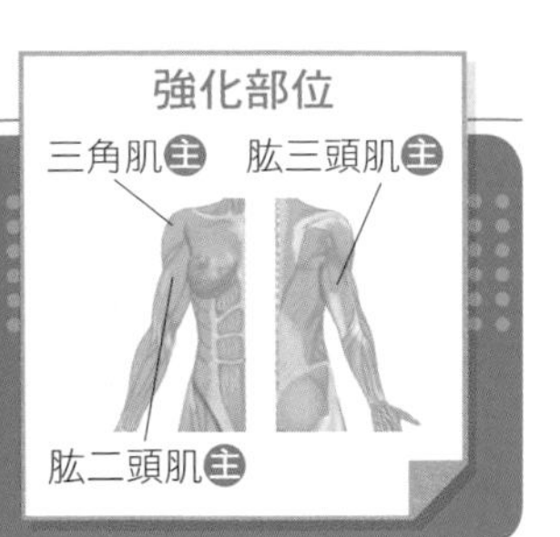

1 雙手彎曲，手心朝內放置胸口兩側。

2 右手採螺旋式，逆時針向上舉。

逆時針轉動，手的螺旋越深越好。

左手的大姆指向前，右手的大姆指則向後。

3 右手順時針轉回放回原位，左手同時螺旋式逆時針向上舉。左右同時輪流動作10次。

4 將手的行動方向轉至兩旁。右手螺旋式順時針向外舉後，逆時針轉回放回原位，左手同時螺旋式逆時針向外。左右同時輪流動作10次。

雙手旁舉動作時，雙手臂必須與肩同高，手盡可能延伸伸直。

NOTE 進階版動作

動作時可拿啞鈴，強化臂部肌肉。

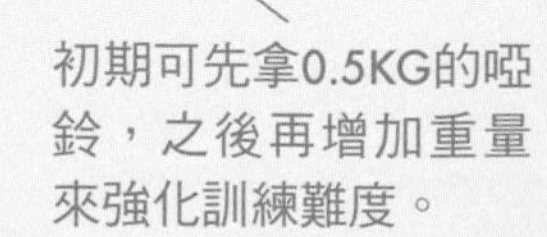

初期可先拿0.5KG的啞鈴，之後再增加重量來強化訓練難度。

纖臂操05

伏地挺身

次數 10次五回合，中間休息15秒
進階 可漸漸加快，增加強度

強化部位
三角肌主
胸大肌次
肱二頭肌主
腹直肌次
肱三頭肌主

1 伏地挺身姿勢，雙手掌放置肩膀正下方。將寶寶放置身體下方，眼睛相對，先深吸一口氣。

每個動作都要挺胸收腹。

2 先將右手彎曲，手肘放置地面，吐一小口氣。

3 再將左手彎曲，手肘放置地面。
再次吐一小口氣。

4 將右手手肘伸直吸一小口氣後，再將左手手肘伸直時再吸一口氣，最後回到預備姿勢。

可將雙腳彎曲，
動作時較不費力。

瘦肚操01

仰躺抬腳

次數 20次五回合，中間休息15秒

進階 腳左右斜上方伸直、大腿內側夾瑜珈磚

強化部位

腹直肌主

股內側肌次

1

仰躺，雙腳彎曲腳踩地，雙手彎曲，手肘碰地放於肩膀下，將身體撐起。

2

吐氣同時，將膝蓋靠近額頭。

★身體較柔軟的人，可將臉盡量靠近膝蓋，能強化運動效果。

吐

3 吸氣同時，將小腿向前斜上方伸直。
挺胸，眼睛直視斜上方。

進階版動作1
腳可往左右斜上方伸直，
鍛鍊腹部更有效。

進階版動作2
將大腿內側夾瑜珈磚，
可強化瘦身效果。

腰腹扭轉

次數 20次五回合，中間休息15秒
進階 身體角度傾斜、拿啞鈴

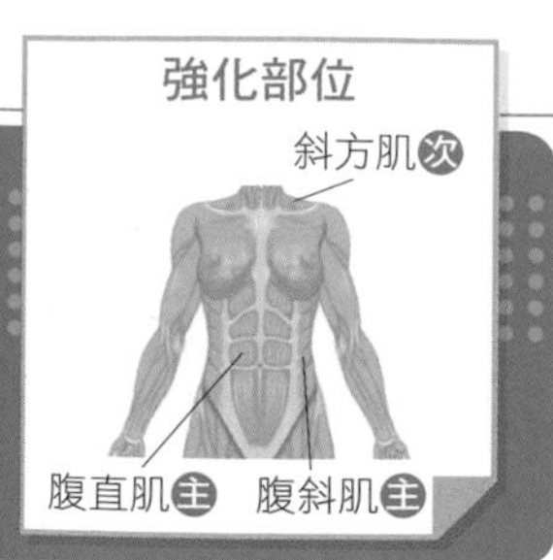

1 坐姿挺胸，雙腳打開與肩同寬，腳向前彎曲踩地。

2 雙手伸直，手心相對，並向前斜上舉。

3 先吸氣，將身體向後傾斜約15度，同時將身體轉向右邊，右手向後延伸。吐氣，將身體放回原位置。另一邊同樣動作。

強化部位

三角肌　肱二頭肌

進階版動作1
可將身體角度傾斜更多，就能更加鍛鍊到腰腹肌肉群。

進階版動作2
雙手拿啞鈴，可以增加訓練的強度。

瘦肚操03

抬腳捲腹

次數 20次五回合，中間休息15秒
進階 拿啞鈴

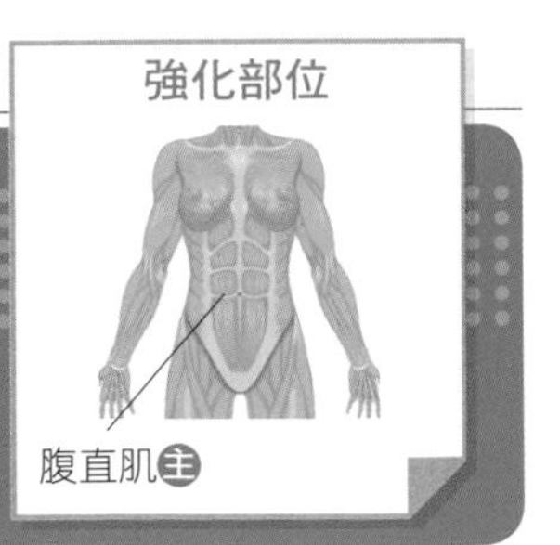

1 身體平躺，雙腳伸直，
將雙手平放於身體兩側。

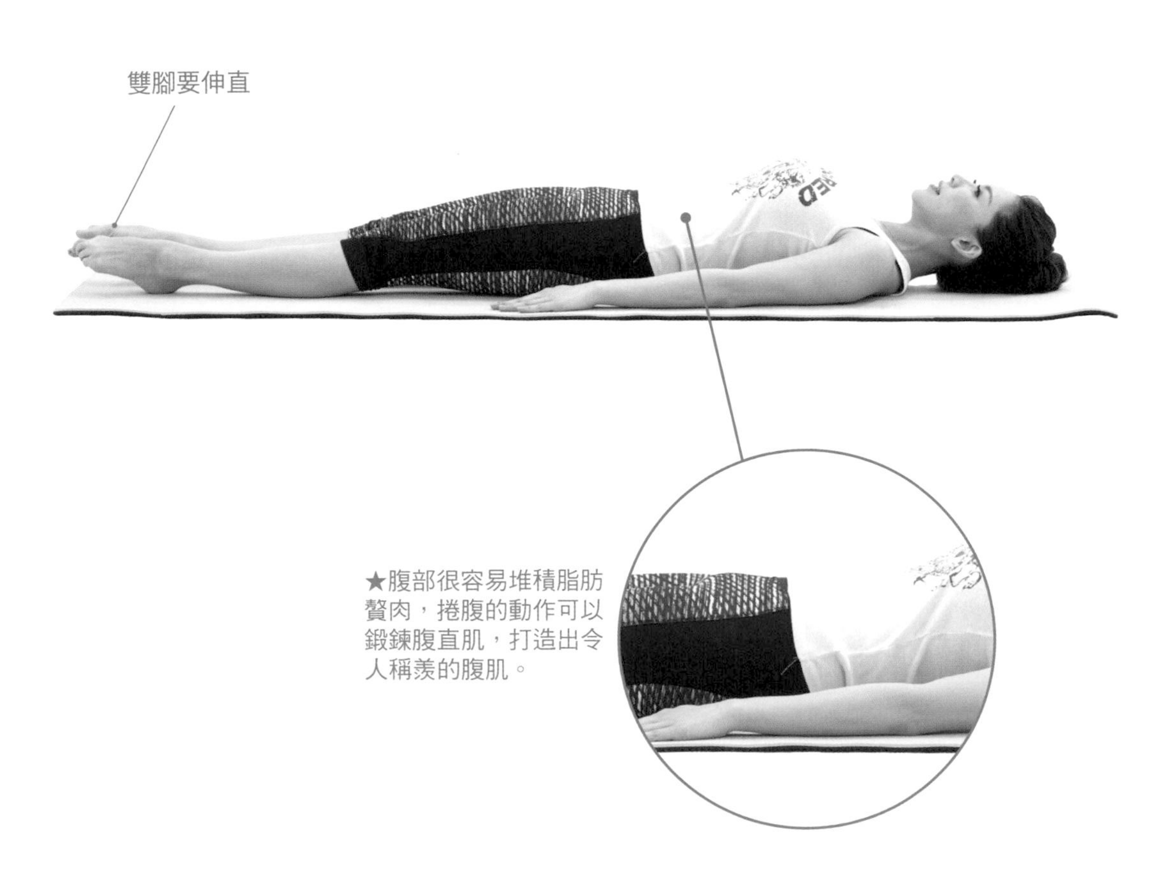

2 吸氣，雙腳抬高15度，同時將雙手向上舉。

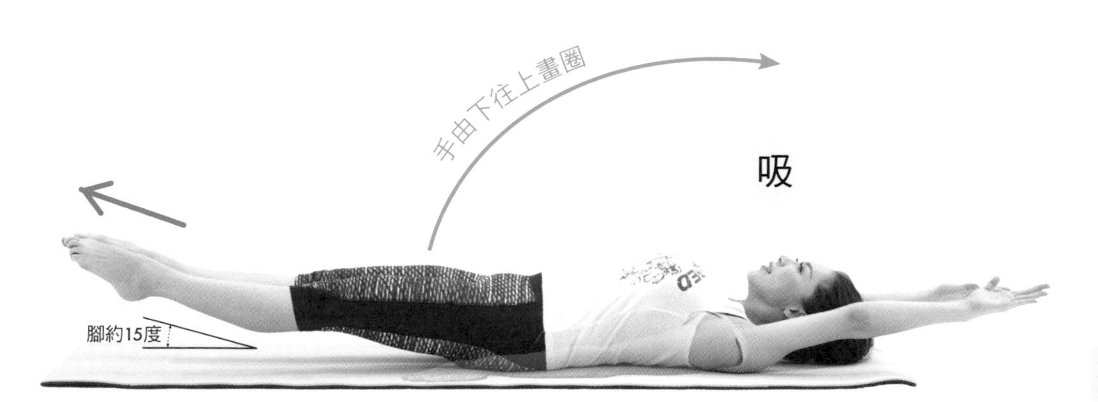

3 吐氣，將雙腳彎曲，膝蓋靠近胸口，雙手從上向外畫圈放回身體兩側。

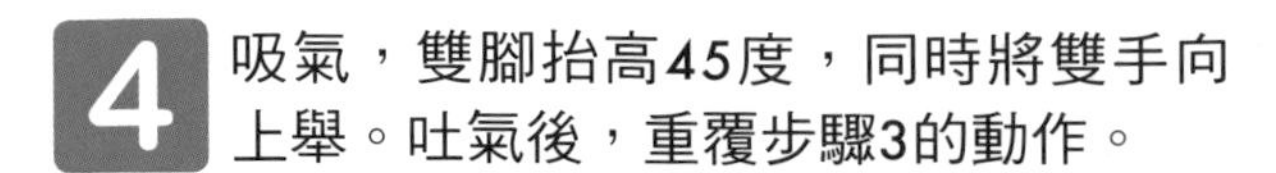

4 吸氣，雙腳抬高45度，同時將雙手向上舉。吐氣後，重覆步驟3的動作。

下背部要貼緊地面。

捲腹動作一般都是上半身慢慢捲起，下背不離地，讓肚子用力。這個動作是抬起雙腳讓腹直肌用力，更能有效擊退腹部贅肉！

5 吸氣，雙腳抬高90度，同時將雙手向上舉。
吐氣後，重覆步驟3的動作。

NOTE
進階版動作

雙手拿啞鈴，可以增加訓練的強度。

趴式扭轉

次數 左右10次五回合，中間休息15秒

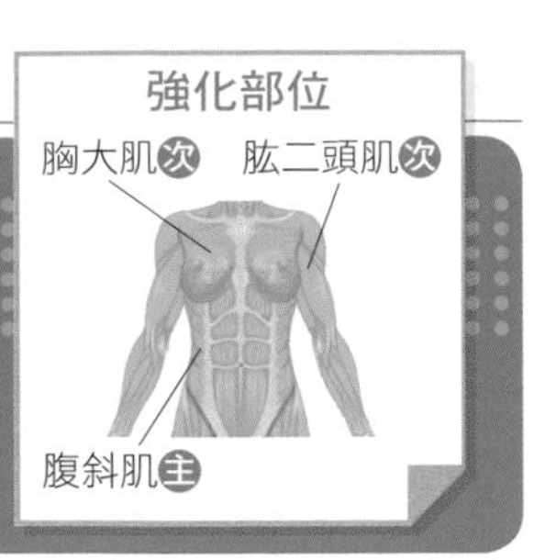

1 趴式，將身體撐起，身體打平，雙腳伸直。瑜珈磚放腹部下方，雙手掌交叉相握，而手肘放置肩膀正下方地面，雙腳打開與肩同寬。

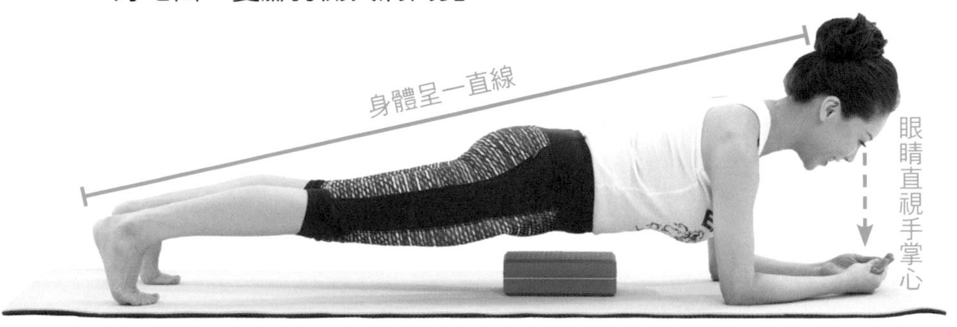

2 吸氣，將身體右側傾斜靠近地面。

3 吐氣，讓身體回正，換邊再做。

注意1
要挺胸收腹，而且臀部不要翹高。

注意2
動作時，腹部不能碰到瑜珈磚。

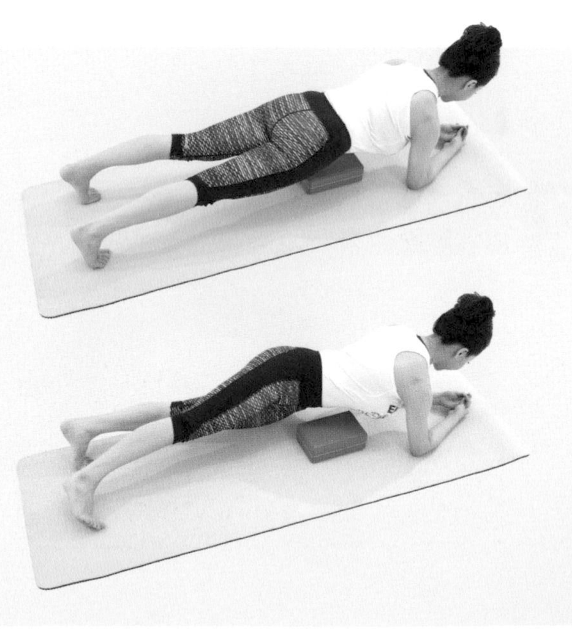

伏地伸腿

次數 左右10次五回合，中間休息15秒

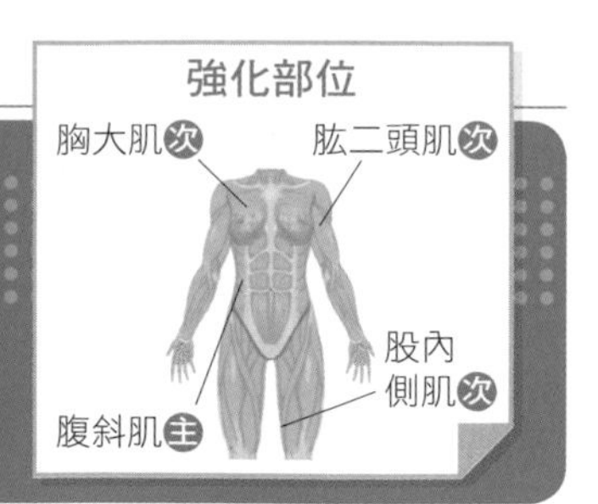

1 伏地挺身式，手掌放在肩膀正下方，雙腳打開與肩同寬。

2 先吸氣，吐氣時將右腳彎曲。

3 先深吸一口氣，吐氣後讓腳再移至左邊延伸伸直。

4 吸氣，讓身體回原位，換邊再做。

NOTE

如果覺得這個動作很吃力，可以將雙手放在較高的地方，例如沙發。

瘦肚操06

坐椅起立

次數 20次五回合，中間休息15秒
進階 可用揹巾背寶寶，或是拿啞鈴、瑜珈磚

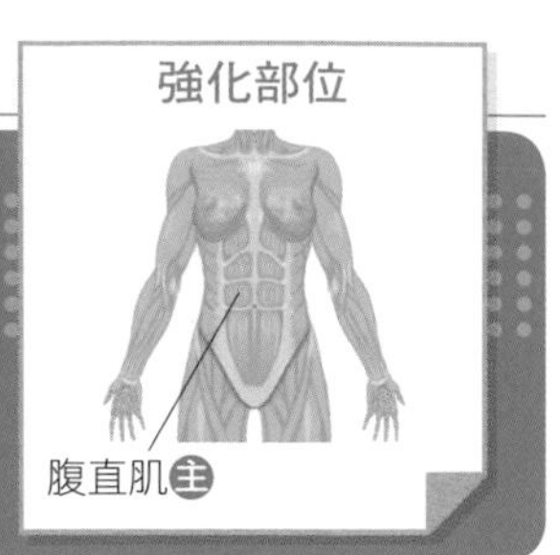

1 站姿，雙腳打開與肩同寬，將椅子放在後面。

2 先深吸氣並將臀部輕觸椅子，馬上站起來後吐氣。

NOTE

可以將椅子靠在牆壁，以免椅子滑開不慎跌倒。

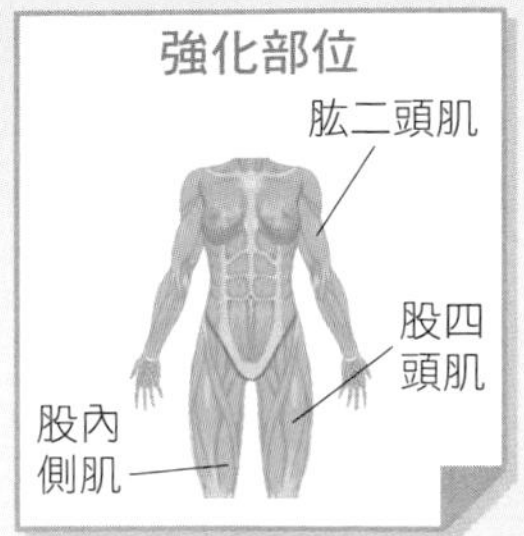

進階版動作1

背寶寶時也可做喔！

1 站姿，雙腳打開與肩同寬，將椅子放在後面。

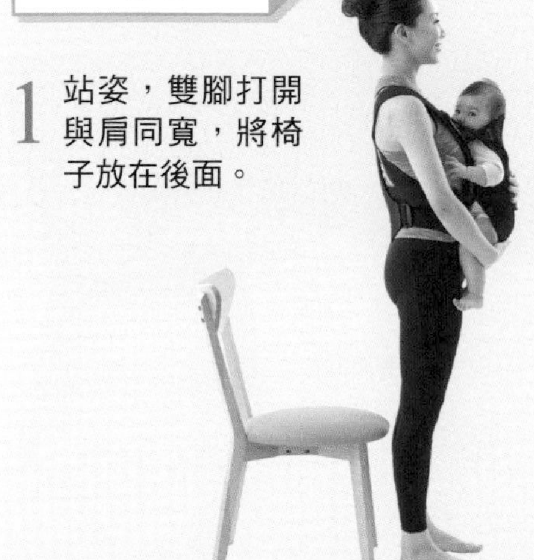

2 先深吸氣，並將臀部輕觸椅子，馬上站起來。

屁股輕碰椅子，馬上彈起。

進階版動作2

使用瑜珈磚＋啞鈴強化鍛鍊！

瑜珈磚夾在大腿內側，可強化股內側肌！

撐地抬臀

次數 20次五回合，中間休息15秒

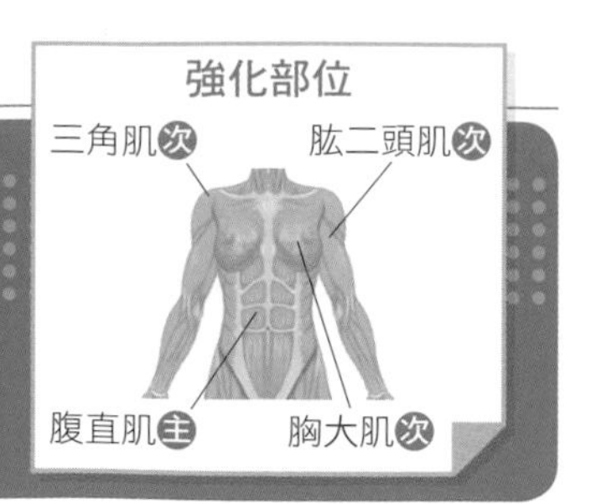

1 伏地挺身式，將雙腳放置椅子上，雙手撐地。

2 先深吸氣，吐氣時將臀部升高。

3 吸氣，讓臀部回原位。

★抬臀的動作是用肚子的力量將臀部撐起，能打擊腹直肌堆積的贅肉，打造出迷人的馬甲線。

NOTE

手較無力的人，可於地面動作，並將手肘碰地即可。

瘦肚操08

側躺抬臀

次數 20次五回合，中間休息15秒
吸呼 搭配小狗式呼吸法

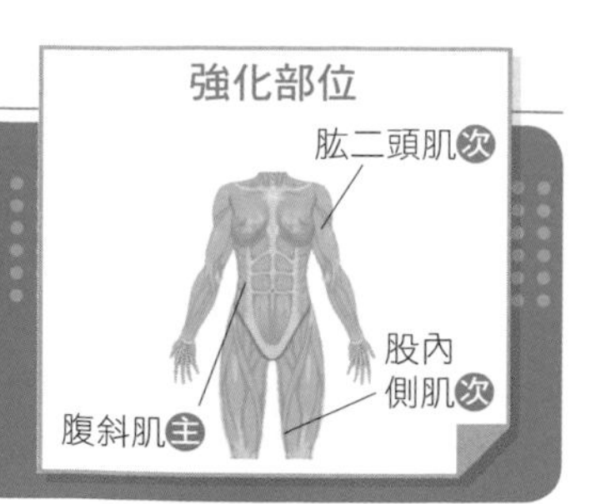

1 側躺，雙腳彎曲，膝蓋朝下方，下方手肘撐地，上方手插腰。

2 將上腳膝蓋朝上，腳趾朝下方，腳掌放在下面腳的大腿前面。

3 臀部離開地面，向上彈動20次，回地面後，換邊再做。

臀部向上彈動20次

★臀部彈動時，手肘撐地不離地。

NOTE

每個步驟可搭配「小狗式呼吸法」，意思就是急促的喘氣，把氣快速地吸入小腹，再快速吐出，很像小狗在喘氣。這種呼吸法類似快吸快吐的急促喘氣，能強化腹肌的力量。

坐姿舉手

次數 20次五回合，中間休息15秒
進階 拿啞鈴

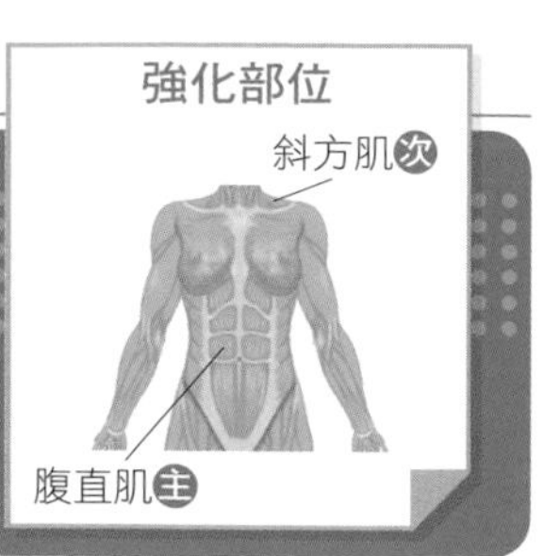

1 坐姿，雙腳彎曲，膝蓋朝上，大腿夾緊後，先吸氣。

做這個動作時，大腿都要夾緊，不要放鬆。

2 吐氣，上半身駝背放鬆，雙手向旁平舉。

★上半身要駝背、放輕鬆。

3 吸氣，將上半身挺直，雙手向上合十。吐氣後再回到步驟1。

★背部彎曲後，吸氣再舉手挺直，可以鍛鍊斜方肌、腹直肌。鍛鍊斜方肌可以讓體態更好看，鍛鍊腹直肌可以擊退惱人的腹部肥肉。

雙手拿啞鈴，可以增加訓練的強度。

瘦肚操10

跪姿平移

次數 20次五回合，中間休息15秒
進階 可拿啞鈴，或是背寶寶時做

強化部位

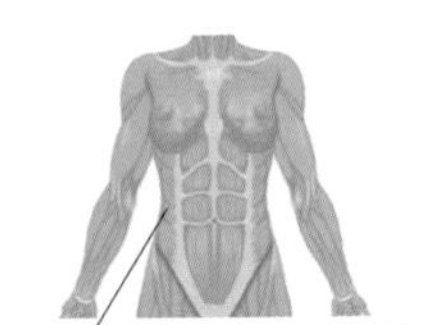

1 高跪姿，雙腳打開與肩同寬，雙手平舉。

NOTE

這個動作可以訓練到腹斜肌（側腹肌），分為腹外斜肌與腹內斜肌。主要的功用是穩定及旋轉軀幹使用，當身體做側轉運動時，就會使用到這部位的肌肉。這裡是很常忽視鍛鍊的部位，只要做簡單的平移運動就可以訓練。

2 將身體左右平行移動。

雙手拿啞鈴，可以增加訓練的強度。

踮腳行走

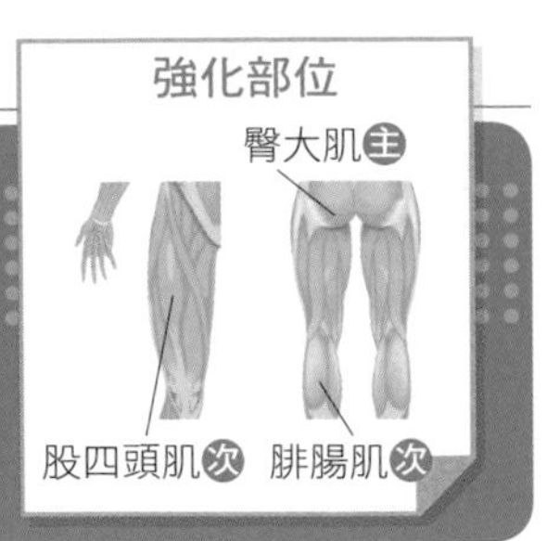

次數 2分鐘五回合，中間休息15秒

進階 可用揹巾背寶寶

1 站姿，雙腳掌打開小外八步，腳跟相碰。

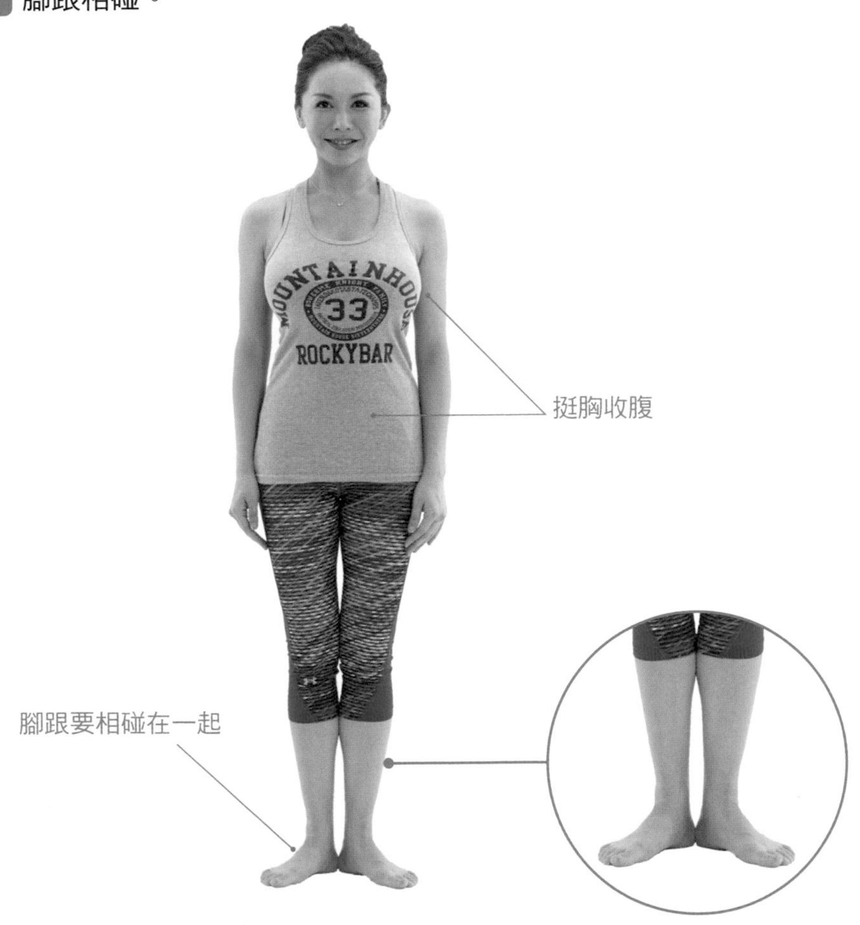

★腳跟相碰，有點小外八步的感覺。

2 雙腳半踮，大腿內側夾緊，並踮腳向前走。

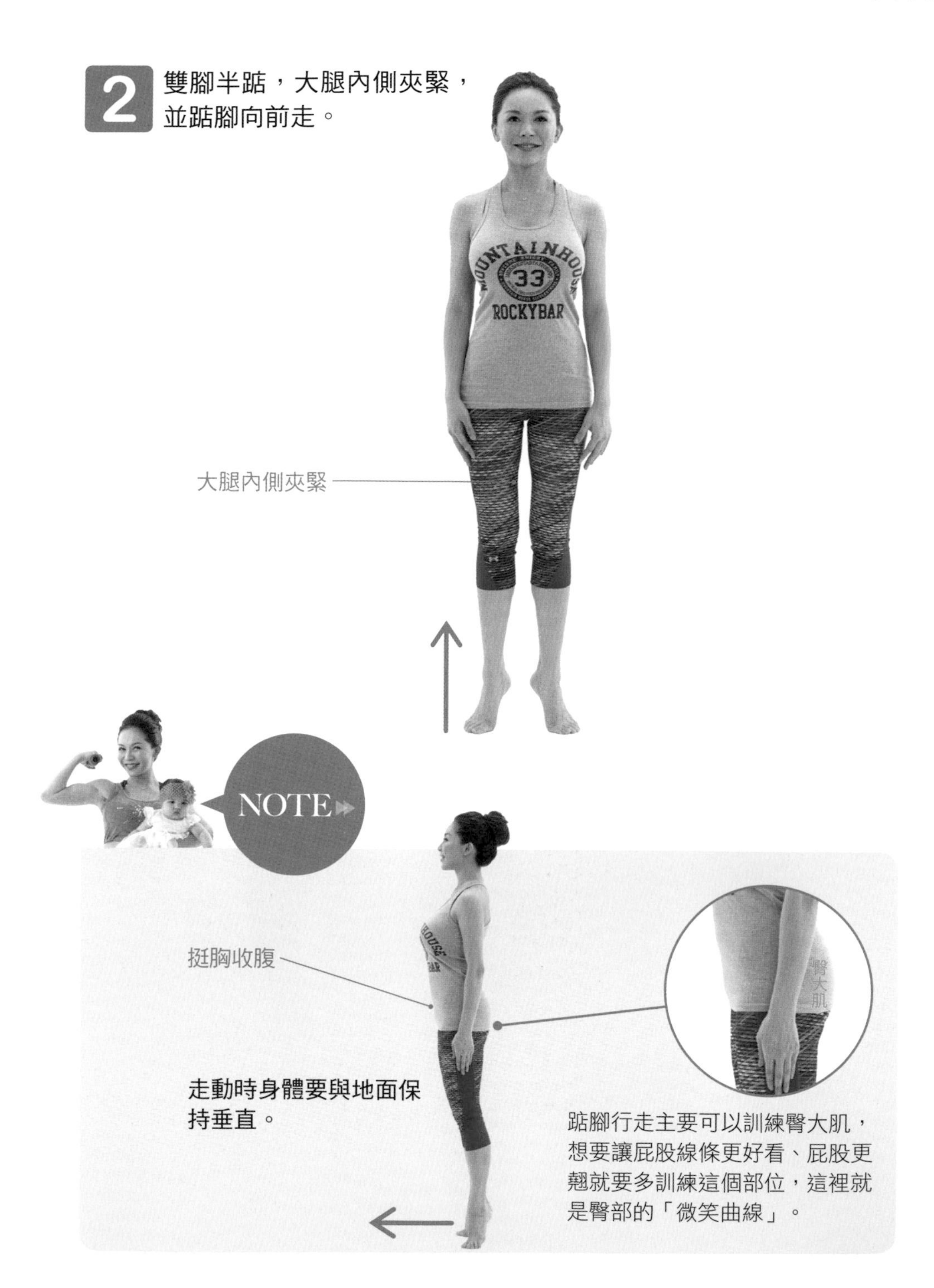

走動時身體要與地面保持垂直。

踮腳行走主要可以訓練臀大肌，想要讓屁股線條更好看、屁股更翹就要多訓練這個部位，這裡就是臀部的「微笑曲線」。

用揹巾背寶寶時，也可以做這個動作，加強訓練難度。

1 站姿，雙腳掌打開小外八步，腳跟要相碰。

2 雙腳半踮，大腿內側夾緊，並踮腳向前走。

用揹巾背寶寶時，因為重量變重，雙腳踮起後要使用更多的力量才能支撐，能加強訓練臀部和小腿的肌肉。

翹臀操02

趴躺抬腳

次數 20次五回合，中間休息15秒
呼吸 搭配小狗式呼吸法（上吐下吸）

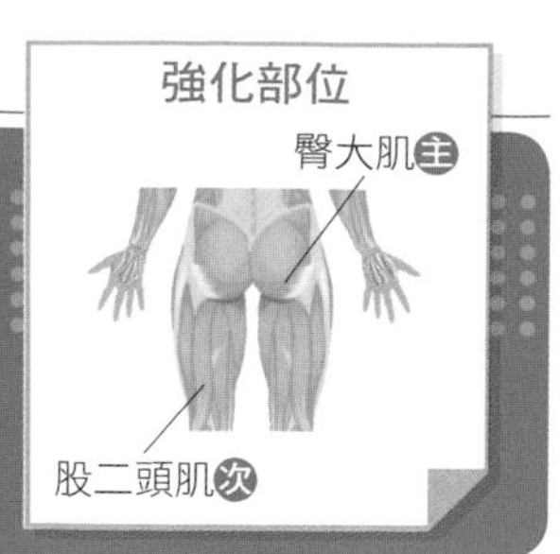

1 趴躺，雙腳彎曲，雙手放置下巴處。

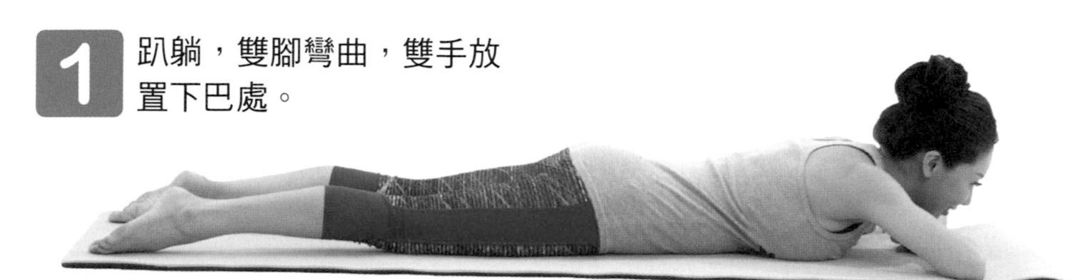

2 大腿離開地面，向上彈動20次後放回地面。

- 此動作可搭配「小狗式呼吸法」，意思就是急促的喘氣，把氣快速地吸入小腹，再快速吐出，很像小狗在喘氣。這種呼吸法類似快吸快吐的急促喘氣，能強化腹肌的力量。
- 腳向上彈動時吸氣，向下時吐氣。

翹臀操03

站姿抬腳

次數 左右各20次五回合，中間休息15秒
進階 可用揹巾背寶寶

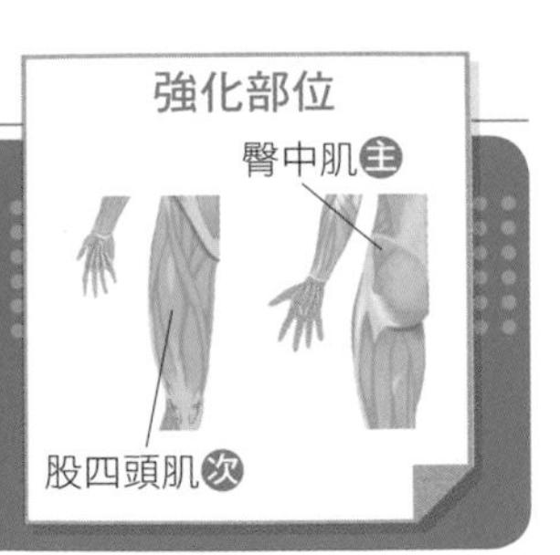

1 站姿，挺胸立正站好後，先深一口氣。

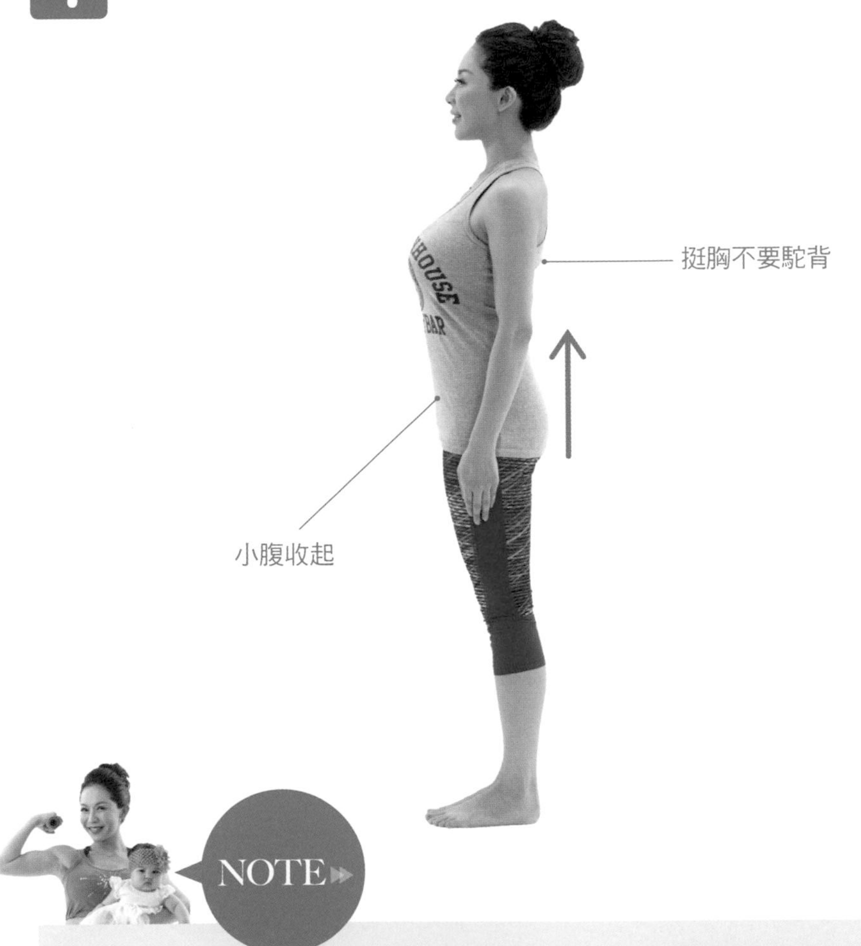

NOTE

身體要挺直，不要駝背，養成挺胸收腹的習慣，可以讓體態更好看。

2 左腳彎曲，小腿往後。

3 大腿向外抬高後，再慢慢讓大腿回放，回到挺胸立正站姿，換邊再做。

吐

吸

NOTE

大腿向外抬高，身體柔軟度好的人可以盡量抬高一點。

動作時，雙手也可以交疊於肩上。

★動作時，支撐腳的臀部必須向上提高，不要將身體重量放於支撐腳的臀部上。

動作時臀部往上提高，能強化臀部、腿部的肌肉，特別是想要讓屁股上緣飽滿、屁股更圓潤的人，千萬別錯過這個動作。

用揹巾背寶寶時，也可以做這個動作，加強訓練難度。

1 站姿，挺胸立正站好。

2 右腳彎曲，小腿往後。

3 大腿向外抬高後，再慢慢讓大腿回放，回到挺胸立正站姿，換邊再做。

翹臀操04

跪姿抬腳

次數 左右各10次五回合，中間休息15秒

進階 活動腳的膝蓋下方，可放瑜珈磚

強化部位

臀大肌主

股四頭肌次

1 低跪姿，左手放於左大腿外側地面，右手放左大腿上。

跪姿抬腳的動作，能有效訓練到臀大肌，訓練這裡的肌肉可以讓臀部線條更好看、屁股更翹，這裡也是臀部的「微笑曲線」。

2 吸氣，右腳離開地面，膝蓋從前方向外畫圈到後方。吐氣，右腳回原位（10次後換邊）。

動作時，身體要穩定，不晃動、不駝背，活動腳的膝蓋不要碰到地面。

NOTE
進階版動作

膝蓋不要碰到瑜珈磚

活動腳的膝蓋下方，可以放瑜珈磚來鍛鍊肌肉群，但是活動腳的膝蓋不要碰到瑜珈磚喔！

翹臀操05

側躺伸展

次數 20次五回合，中間休息15秒

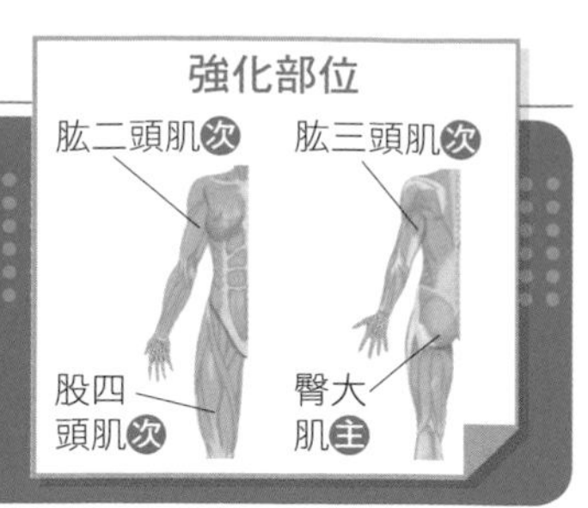

1 側身躺，雙腳彎曲。左手將上半身撐起，手肘放於肩膀正下方，右手放於身體前方的地面後。

側躺的伸展動作，可以訓練臀大肌，讓臀部線條更好看、屁股更翹。

2 吐氣，上腳的膝蓋靠胸。

★膝蓋要盡量靠近胸口喔！

3 吸氣，上腳向後延伸，吐氣後放回原位。

動作時，要保持身體的穩定。

瘦腿操01

弓步後蹲

次數 10次五回合，中間休息15秒
進階 可用揹巾背寶寶，或是拿啞鈴

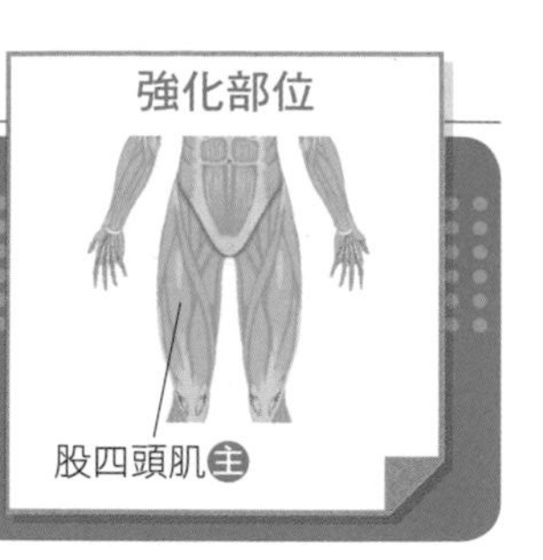

1 雙腳併攏站姿，夾臀收腹，雙手叉腰，先深吸氣。

2 吐氣時，雙腳彎曲，同時將右腳向後踏步，腳掌半腳踮。

3 吸氣時，再將右腳收回原地，回原動作後，換邊再做。

強化部位

肱二頭肌

手抬高時，需與肩膀平高。

雙手拿啞鈴，可以增加訓練的強度。

弓步平移

次數 10次五回合，中間休息15秒
進階 可用揹巾背寶寶，或是拿啞鈴

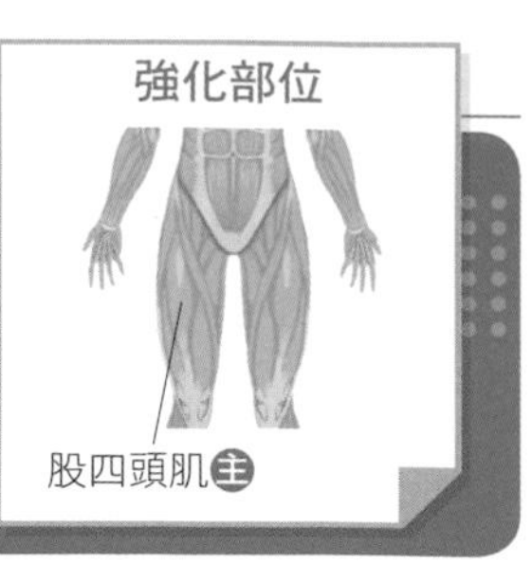

1 雙腳打開與肩寬，夾臀收腹，手交叉放胸前。

2 吸氣，將身體重心移至右腳，成右腳弓箭步。吐氣，將身體中心移回中間。

3 再吸氣，將身體重心移至左腳，成左腳弓箭步。吐氣，將身體中心移回中間。

★上半身要與地面垂直，高度不變。動作時不要翹臀、身體不要往前，膝蓋要盡量朝外。

雙手拿啞鈴，可以增加訓練的強度，
拿啞鈴的雙手可平行或伸直皆可。

瘦腿操03

側躺抬腳①

次數 20次五回合，中間休息15秒

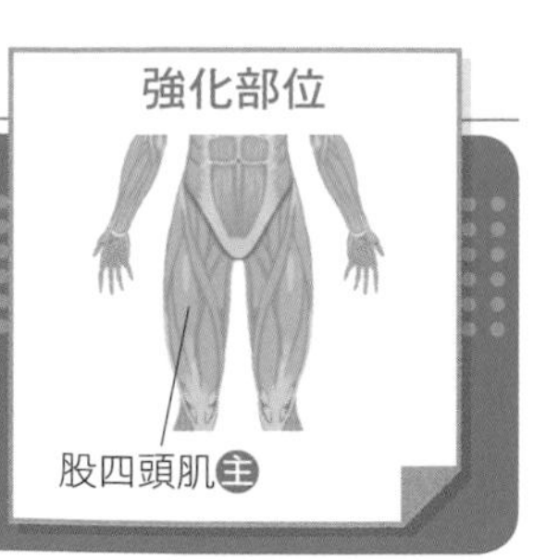

1 側身躺，下面的腳彎曲以固定身體平衡，上面腳伸直，膝蓋朝上。

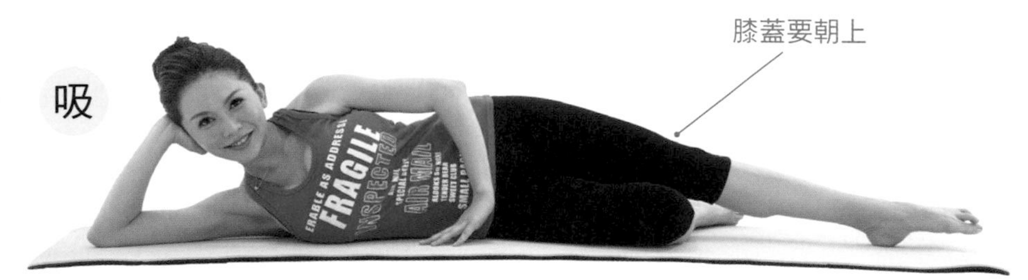

2 先吸氣，吐氣時先將上腳彎曲靠近肩膀。

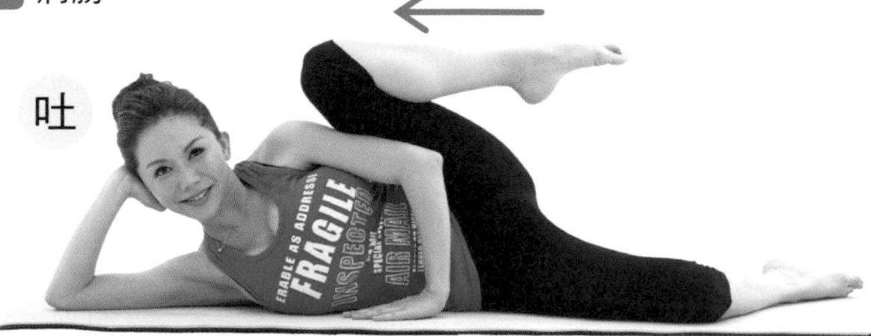

腳可以盡量靠近肩膀，若柔軟度不夠的人，盡量彎曲腳，往肩膀靠近即可。

3 腳靠肩膀後，將腳向上抬高伸直。吸氣，再將腳彎曲，回預備動作後吐氣。

★抬腳的彎曲、伸直動作，可以有效強化股四頭肌，鍛鍊這部位除了能讓腿部線條更好看，還能強化膝蓋，預防膝蓋疼痛問題。

若無法保持身體平衡，可讓身體靠著牆壁或墊東西在身體後。

躺餵抬腳

次數 20次五回合，中間休息15秒

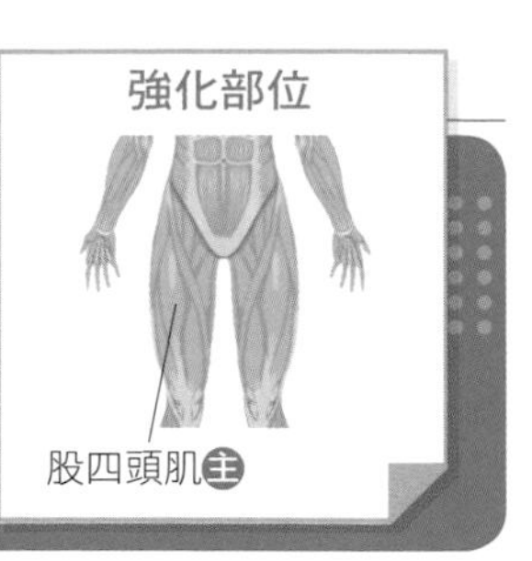

1 這個動作和側躺抬腳1的動作是一樣的，可以利用躺餵的時候來做。首先以躺餵姿勢側身躺好，一腳彎曲、一腳伸直。

2 先吸氣，吐氣時把腳彎曲至靠近肩膀處。

NOTE

腳可以盡量靠近肩膀，若柔軟度不夠的人，盡量彎曲腳，往肩膀靠近即可。

3 再將腳往上抬高伸直，吸氣時將腳彎曲，吐氣時回到預備動作。

★抬腳的彎曲、伸直動作，可以有效強化股四頭肌，鍛鍊這部位除了能讓腿部線條更好看，還能強化膝蓋，預防膝蓋疼痛問題。

NOTE

若無法保持身體平衡，可讓身體靠著牆壁或墊東西在身體後。

瘦腿操04

側躺抬腳②

次數 20次五回合，中間休息15秒
呼吸 搭配小狗式呼吸法

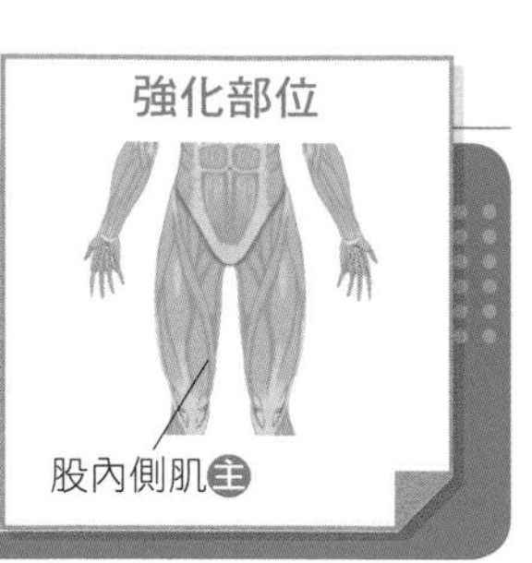

1 側躺，雙腳彎曲，膝蓋朝下方，下面手肘撐地。

2 將上面的腳彎曲，膝蓋朝上，腳趾朝下，腳掌放在下面腳之大腿前面。下面的腳則伸直。

3 先深吸氣，吐氣時將下面的腳離開地面，接著向上彈動20次後，放回地面，換邊再做。

NOTE

- 動作時，身體要保持平衡，若會前後晃動，可以靠牆壁，或背貼能支撐的東西。
- 這個運動的每個步驟可搭配「小狗式呼吸法」，意思就是急促的喘氣，把氣快速地吸入小腹，再快速吐出，很像小狗在喘氣。這種呼吸法類似快吸快吐的急促喘氣，能強化腹肌的力量。

平躺抬腳

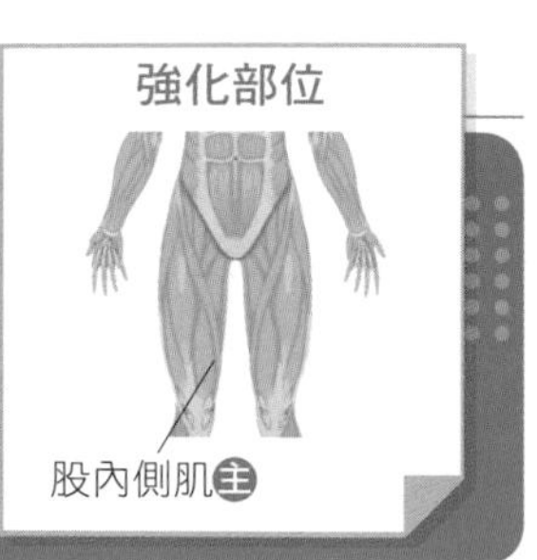

次數 左右各10次五回合，中間休息15秒

進階 手放兩旁，可增加強度

1 身體平躺，雙腳彎曲併攏踩地，雙手掌放置臀部下方。

吸

2 平躺時先吸氣，吐氣時將左腳抬高。

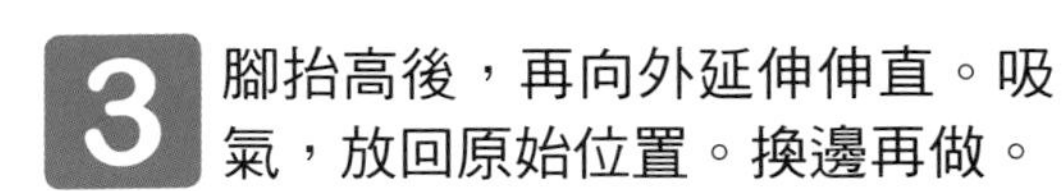

3 腳抬高後，再向外延伸伸直。吸氣，放回原始位置。換邊再做。

瘦腿操06

勾腳前彎

次數 左右各10次五回合，中間休息15秒

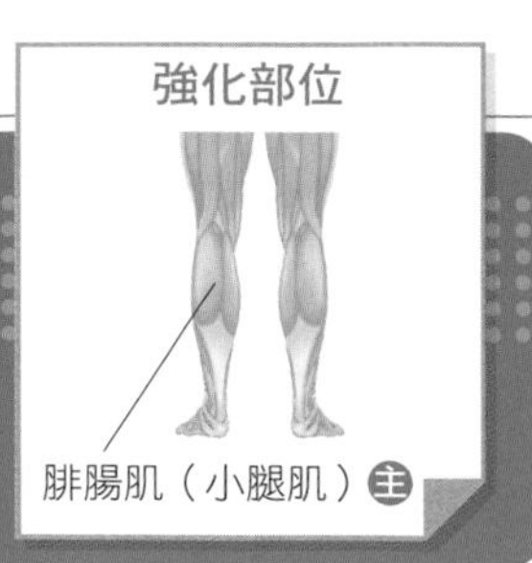

1 站姿，右腳前、左腳後，雙腳前後站，雙手插腰。

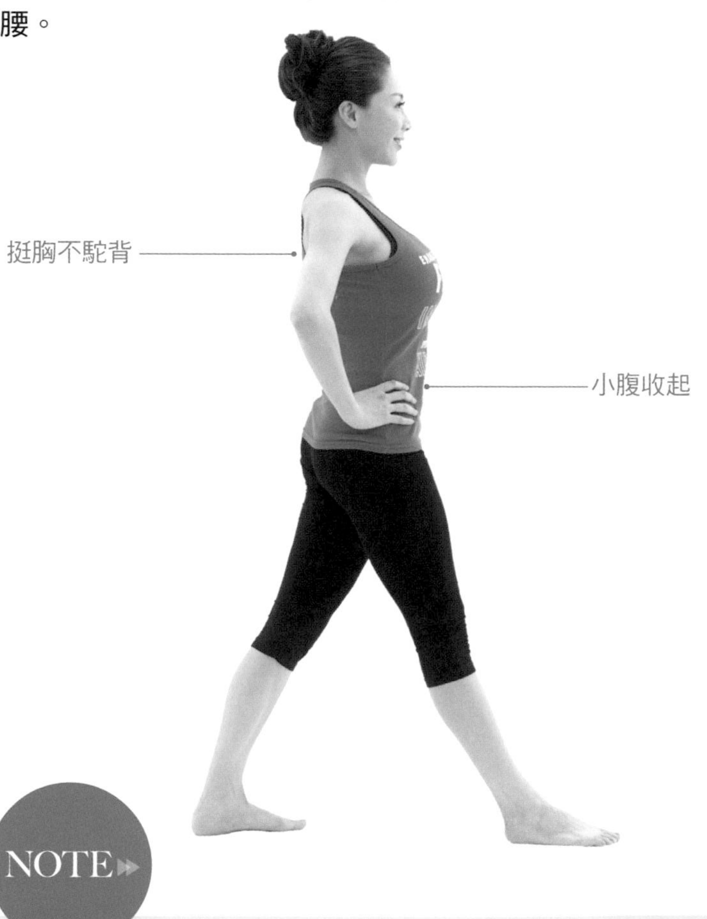

NOTE

勾腳前彎的動作，可以有效訓練腓腸肌（小腿肌），鍛鍊這裡的肌肉可以讓小腿線條更好看。

2 左腳彎曲，右腳腳掌勾起。

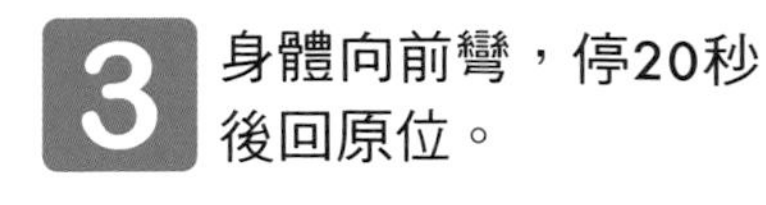

3 身體向前彎，停20秒後回原位。

身體若無法平衡，雙手可攙扶。

靠背半蹲

次數 次數：20次五回合，中間休息15秒
進階 可用揹巾背寶寶，或是拿啞鈴

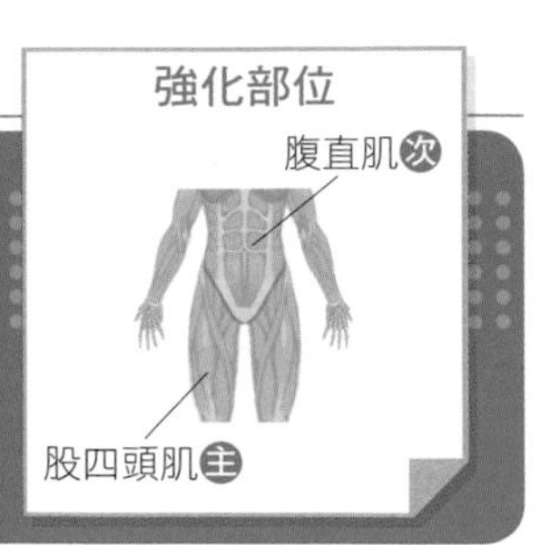

1 將身體背部貼住牆壁。

2 雙腳半蹲，大腿與小腿大約呈90度。

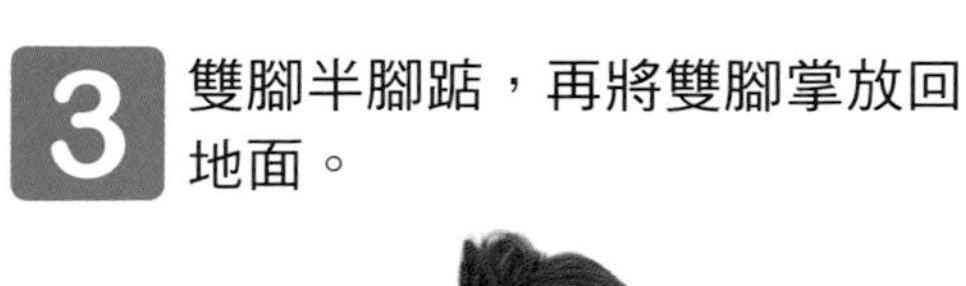

3 雙腳半腳踮，再將雙腳掌放回地面。

股四頭肌

★半蹲的動作，能鍛鍊股四頭肌，鍛鍊這部位除了能讓腿部線條更好看，還能強化膝蓋，預防膝蓋疼痛問題。

NOTE
進階版動作

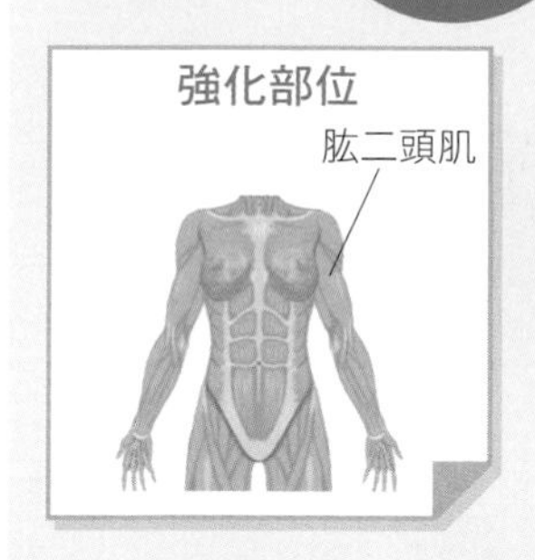

雙手拿啞鈴，可以增加訓練的強度。

瘦腿操08

站姿伸展

次數 10次五回合，中間休息15秒
進階 手摸地板

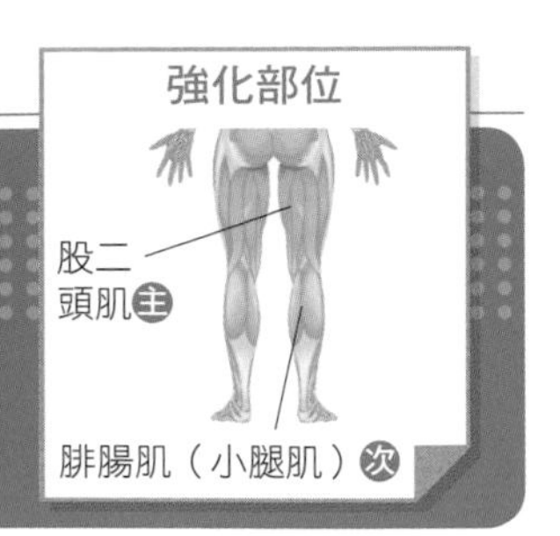

1 站姿，雙腳併攏，雙手平放身體兩側，將右腳向前一大步。

2 上半身向前彎曲，雙手放於小腿上，停住20秒。

膝蓋要盡量伸直。

3 身體回正，再將雙手平放兩旁。身體穩定後，收回站姿，換腳再做。

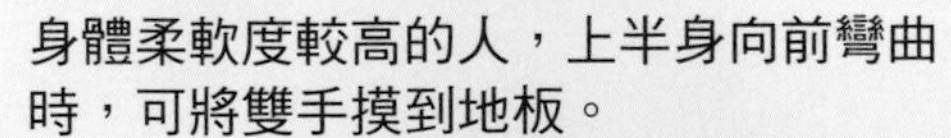

NOTE 進階版動作

身體柔軟度較高的人，上半身向前彎曲時，可將雙手摸到地板。

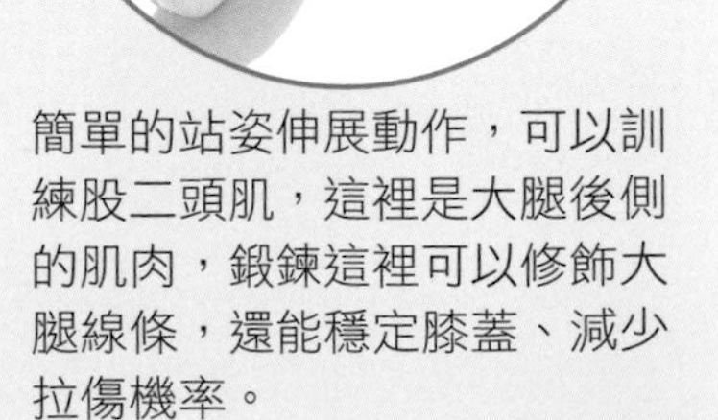

簡單的站姿伸展動作，可以訓練股二頭肌，這裡是大腿後側的肌肉，鍛鍊這裡可以修飾大腿線條，還能穩定膝蓋、減少拉傷機率。

站姿抬腳

次數 左右各10次五回合，中間休息15秒
進階 可用揹巾背寶寶，或是拿啞鈴

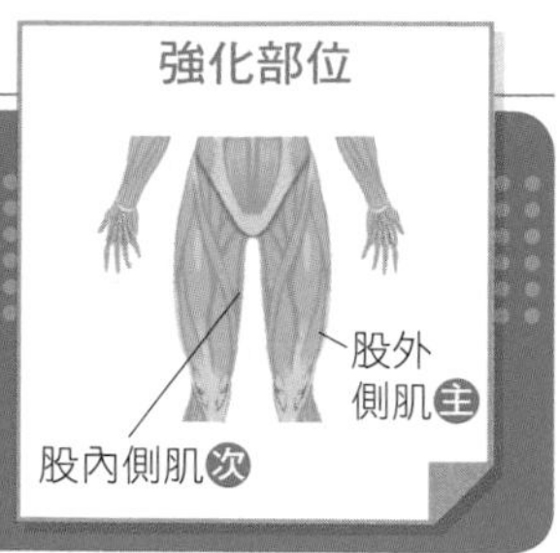

1 雙腳打開比肩稍寬。

2 先深吸氣後再吐氣，雙腳半蹲馬步。

若重心不穩，可攙扶牆壁或椅子，但不將所有重量全放置攙扶物；若想增加強度，除了手舉啞鈴，還可在抬腳時將腳伸直。

3 吸氣，將重心移至右腳並伸直，左腳膝蓋朝前，向旁抬高。吐氣，再將雙腳蹲回馬步。

身體盡量向上延伸，要拉高重心、收腹夾臀。

雙手拿啞鈴，可以增加訓練的強度。

瘦腿操10

坐姿拉伸

次數 10次五回合，中間休息15秒

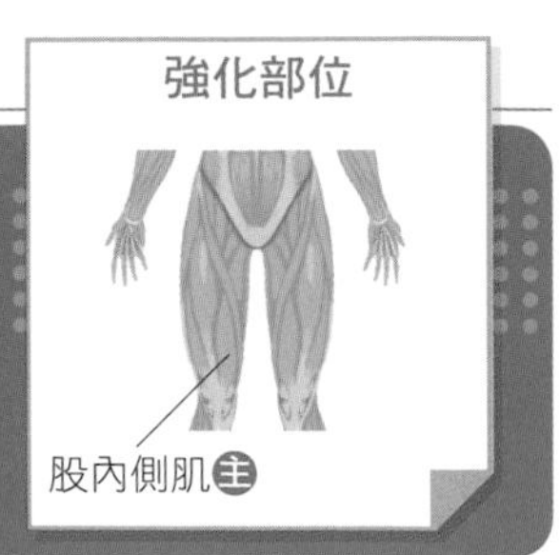

1 坐姿，將寶寶放於前面，雙腳伸直向外打開，雙手手掌放於前方。

2 雙手手掌向前爬行，身體慢慢往前趴。

3 停在極限處，親寶寶一下後，再將雙手手掌向後爬行，身體慢慢回原位。

纖背操01

趴姿拉伸

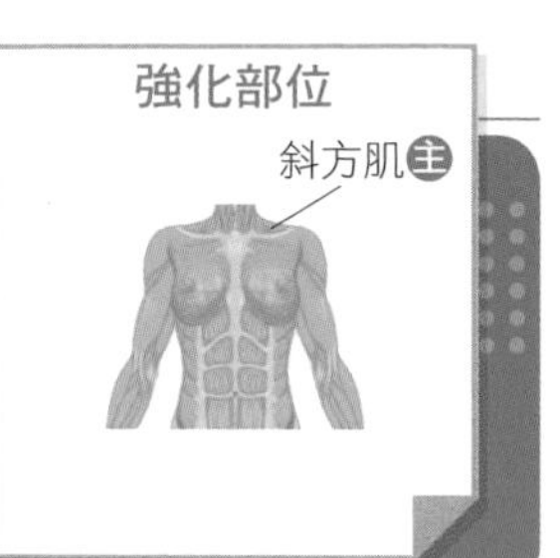

次數 10次五回合，中間休息15秒

進階 可拿啞鈴

1 趴姿，雙手放置頭部後方。

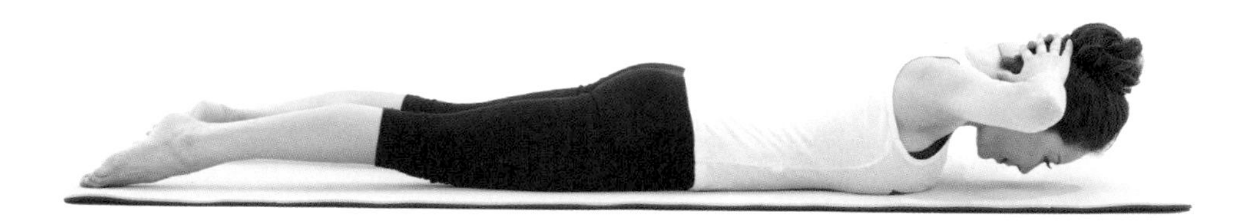

2 先吸氣，吐氣時將上半身離開地面。

吐

吸

3 吸氣，將身體放回地面。

吸

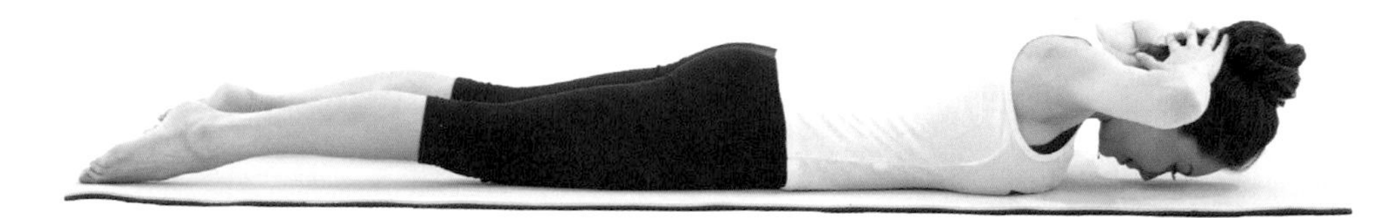

NOTE ▸▸
進階版動作

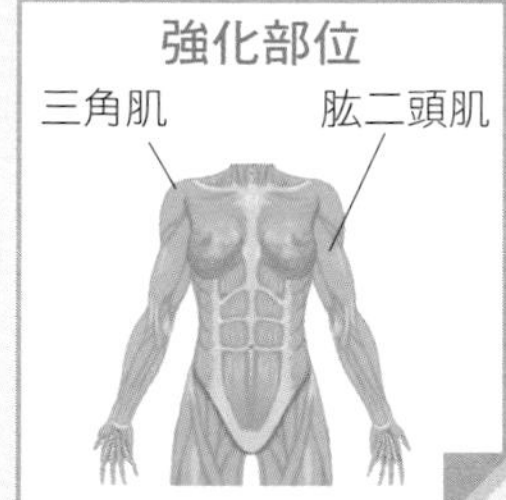

進階版動作1

身體離開地面時，向上彈動20次，
可以增加訓練的強度。

進階版動作2

雙手拿啞鈴，可以增加訓練的強度。
呼吸時可用小狗式呼吸法。

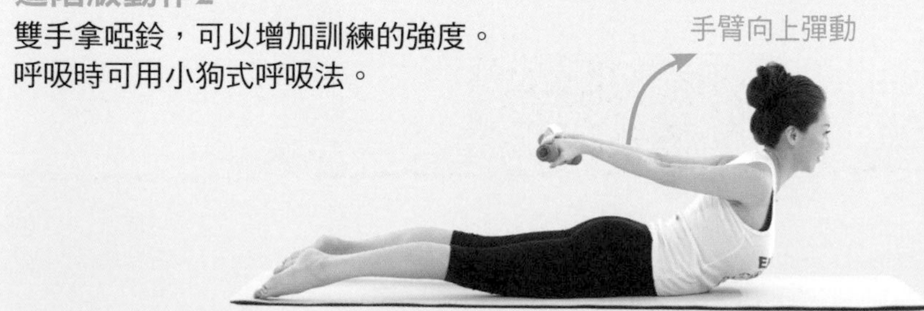

舉手拉伸

次數 20次五回合，中間休息15秒

工具 拿彈力帶

強化部位

三角肌次　斜方肌主

肱二頭肌次　背闊肌主

1 坐姿站姿亦可，並將雙手向上伸直。

雙手彎曲伸直的動作，主要是鍛鍊背闊肌，訓練這裡可以讓你的身體線條更有型，也能襯托出腰部的纖細感。

2 吸氣時，雙手彎曲，將肩胛骨夾緊，將彈力帶放置頭後（或是肩膀後）。

3 吐氣時，雙手放回原位。

站姿彎腰

次數 20次五回合，中間休息15秒

工具 拿彈力帶

強化部位

三角肌次　斜方肌主　肱二頭肌次　腹直肌次　背闊肌主

1 站姿，兩腳前後站，雙手向旁平舉伸直，將彈力帶放在後背。

2 先深吸氣，吐氣時將後腳彎曲，雙腳大腿夾緊，同時將雙手向前併攏。

3 吸氣後，再回原位。

動作時，手不要低於肩膀！

站姿縮腹

次數 20次五回合，中間休息15秒

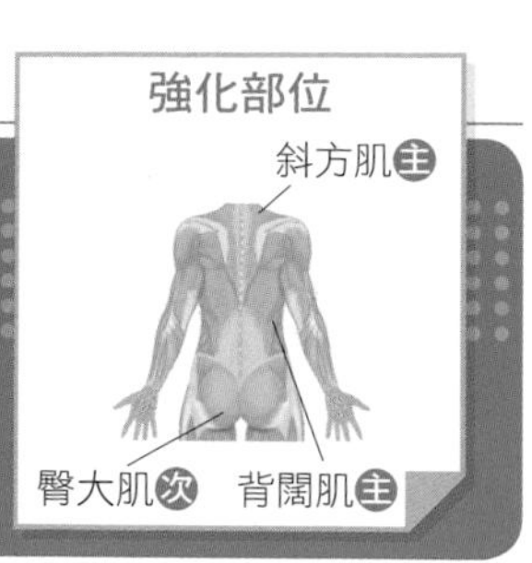

1

站姿，兩腳打開稍比肩寬，雙手彎曲平舉，手掌朝內放於胸前。

NOTE

訓練背部的肌肉可以有助於體形的改善，讓身體線條更有型，還能襯托出腰部的纖細感。

2 吸氣，將雙手手肘向後，臀部向後翹，下巴抬高，眼睛看向天花板。

3 吐氣，將肚子的氣全部吐掉。雙手向前上下交叉，臀部內縮、膝蓋微彎，眼睛看向肚臍。

★雙手向前上下交叉

NOTE

動作時，身體要盡量保持柔軟。

站姿挺胸

次數 20次五回合，中間休息15秒

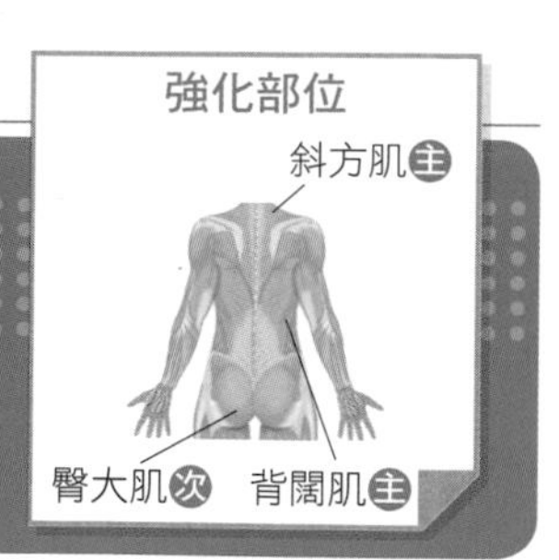

1 坐姿站姿亦可，雙手彎曲上舉，雙手手掌交叉。

NOTE

簡單的雙手上舉、手肘向下打開的動作，可以鍛鍊背闊肌、斜方肌，有效矯正駝背，讓體態更挺直、更好看。

2 吸氣，將手肘向下打開，靠近身體兩旁，下巴抬高，眼睛看向天花板。

3 吐氣，身體及雙手回至原位，身體彎曲，眼睛看向肚臍。

NOTE

動作時，身體要盡量保持柔軟。

美胸操01

站姿擴胸

次數 20次五回合，中間休息15秒

呼吸 搭配小狗式吸呼法

強化部位

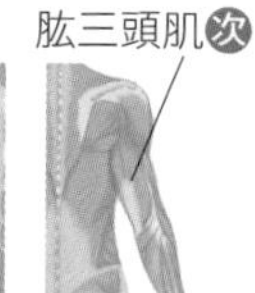

1 坐姿或站姿皆可。吸氣，雙手交叉緊握手腕。

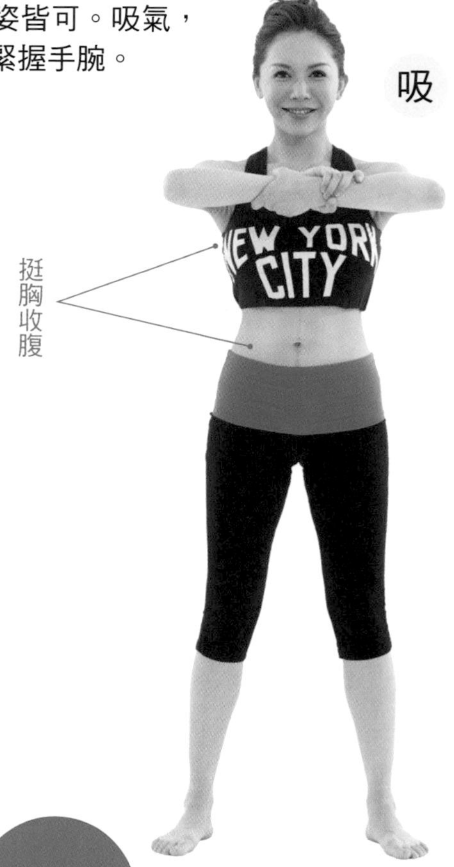

NOTE

美胸操主要是鍛鍊胸大肌的部位，女生胸部是由肌肉脂肪、乳腺構成，鍛鍊胸肌可以讓上胸更飽滿、胸型更好看。

2 吐氣，將雙手舉至頭部上方。

3 向後彈動20次後回原位。

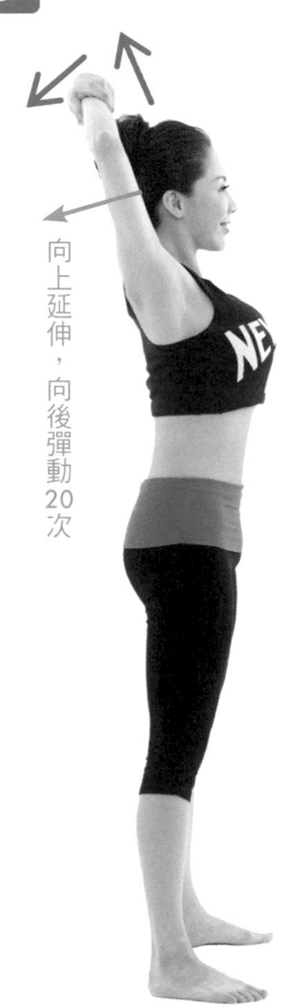

步驟3可搭配「小狗式呼吸法」，意思就是急促的喘氣，把氣快速地吸入小腹，再快速吐出，很像小狗在喘氣。這種呼吸法類似快吸快吐的急促喘氣，能強化腹肌的力量。

美胸操02

伏牆挺身

次數 30次五回合，中間休息15秒

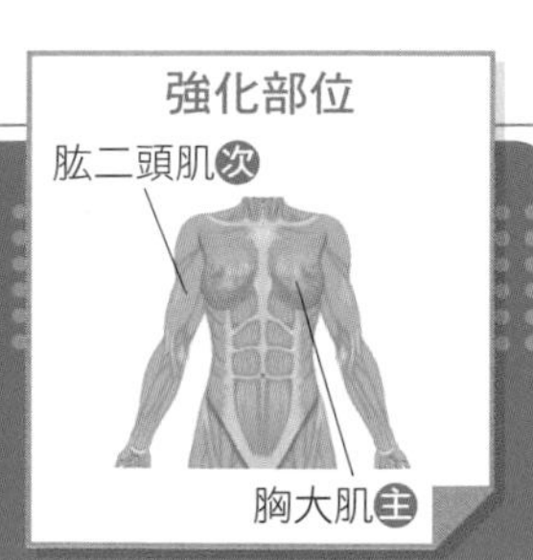

1 站姿，面對牆壁，雙腳打開稍比肩寬。

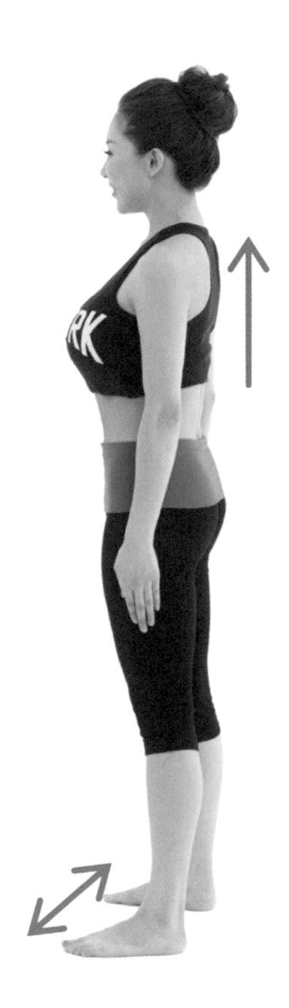

伏牆做伏地挺身的動作，可以鍛鍊到胸大肌的部位，鍛鍊胸肌可以讓上胸更飽滿、胸型更好看。

2 先深吸一口氣後，吐氣時將雙手彎曲放在牆壁，重心放至手掌。

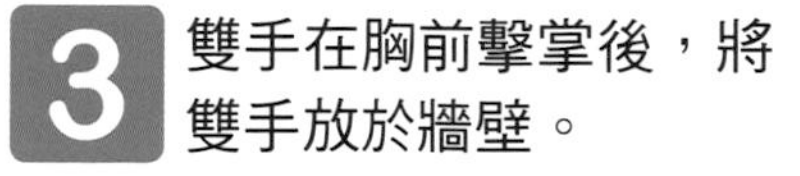

3 雙手在胸前擊掌後，將雙手放於牆壁。

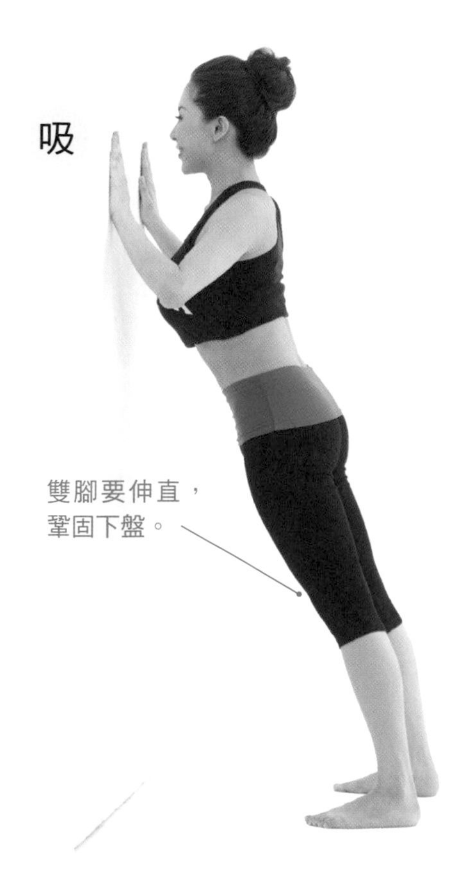

手肘壓伸

次數 30次五回合，中間休息15秒
工具 拿啞鈴

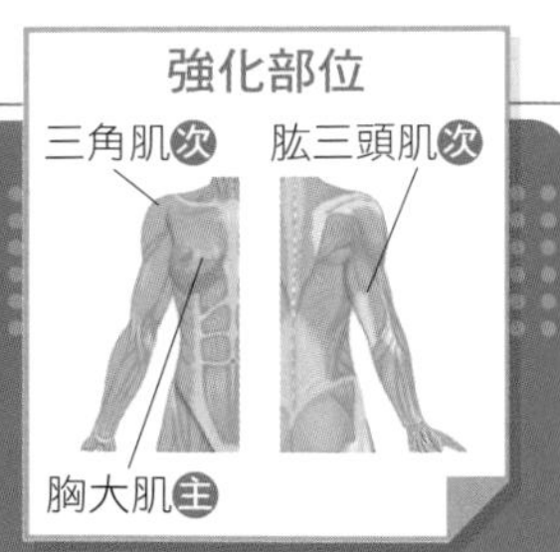

1 坐姿或站姿皆可，雙手彎曲平舉，握拳虎口相對手心朝下。

動作時，都要挺胸收腹。

NOTE

呼吸可搭配小狗式呼吸法。

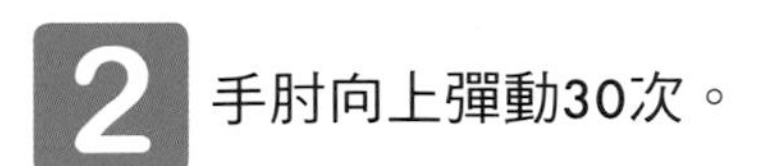

2 手肘向上彈動30次。

NOTE

手肘是向上「彈動」，不是抬高，高度不可低於肩膀。

美胸操04

手肘平移

次數 左右20次五回合，中間休息15秒

工具 拿啞鈴

強化部位

三角肌次 肱三頭肌次

胸大肌主

1 坐姿或站姿皆可。雙手彎曲，手臂平行放至胸前，手掌虎口朝內，手掌在另一手肘上方。

呼吸可搭配小狗式呼吸法。

2
吐氣，手掌往另一方向彈動，並超過下方手肘。

NOTE

動作時不聳肩，要挺胸收腹。

美胸操05

撐地抬臀

次數 10次五回合，中間休息15秒
工具 與寶寶一起

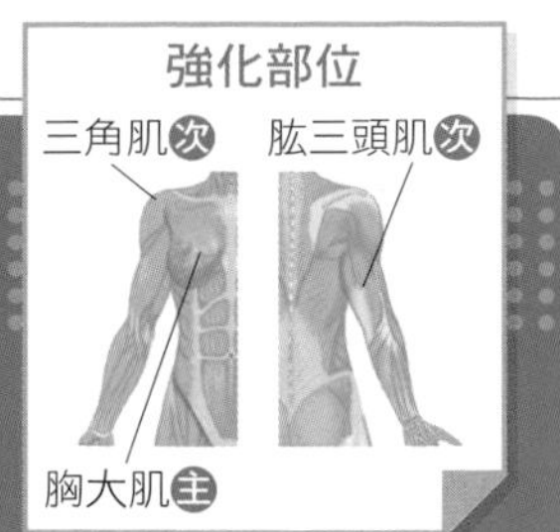

1 貓式，眼睛與寶寶平視。

NOTE

撐地抬臀的動作，能鍛鍊到胸、肩、上臂的肌群，除了讓胸形更好看之外，也能緊實鬆垮垮的蝴蝶袖。

2 吐氣，親吻寶寶額頭。

3 吸氣，身體回原位。

動作時，腹部都要用力。因為衛生關係，親吻寶寶額頭即可。

PART 3

進階組合操，強效燃脂練出完美曲線

　　腰、腹、臀、腿強效燃脂！全身型的進階組合操，結合了熱身操、進階操、伸展操，可自行搭配組合來強效燃脂！本單元也特別錄製了QR CODE影片，搭配影片做瘦身操運動，就能跟小霓老師一起瘦出完美曲線！

強效燃脂！四大進階組合操

進階組合操使用說明

產後半年，或是身體復原狀況良好、有較多時間運動的人，就可以嘗試更能有效燃脂的進階組合操。組合操我設計了四種，共分為「熱身、進階1、進階2、伸展」，運動前可以先做「熱身操」，結束後再做「伸展操」。

◎進階組合操說明

瘦身操	說明
動態熱身操	做進階操前做，主要功用是讓身體發熱、心跳率加強，這時做進階操就比較不會受傷。
進階操1	結合了皮拉提斯、瑜珈、拉筋、訓練肌耐力等動作，可以先看書本的動作內容，稍微了解後再搭配QR CODE來做動作，熟練之後可以再自行搭配進階操1→進階操2的訓練方式。
進階操2	難度稍微提升，搭配了啞鈴、彈力帶等工具，可以訓練到全身的肌肉。建議先看底下的動作內容，稍微了解後再搭配QR CODE與我一起做動作，熟練之後可以自行搭配訓練組合。
靜態伸展操	運動結束後做，主要的功用是收操，和緩呼吸調節，讓肌肉緩和下來。

進階組合操搭配方式

這四大瘦身操的組合，可以自行搭配使用，例如：一開始可以熱身操+進階操1+伸展操的方式來練習。習慣之後，就可以熱身操+進階操1+進階操2+伸展操的方式進行，或者重覆做進階操的部分來增加強度，這個道理就像跑步一樣，初期先從100公尺開始跑，然後再慢慢加長運動時間及強度，更能有效燃脂瘦身。這四種組合操，我也都錄製了QR CODE影片，跟著影片和我一起做燃脂瘦身操吧！

◎進階組合操搭配

強度	組合
輕度運動	熱身操+進階操1+伸展操
中度運動	熱身操+進階操1+進階操2+伸展操
強度運動	熱身操+進階操1+進階操2+進階操1+進階操2+伸展操

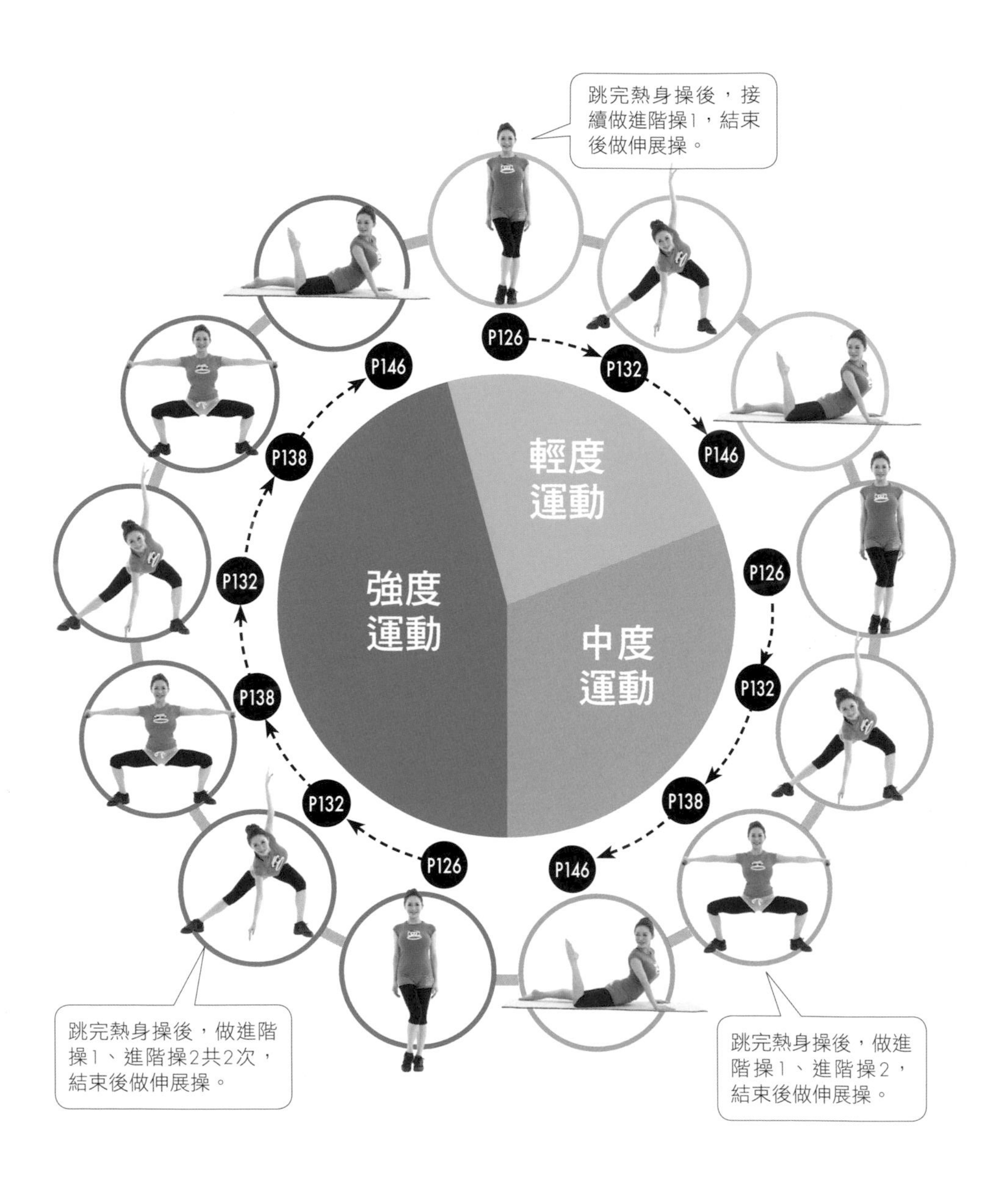

NOTE

建議先看底下每個組合操的動作分解圖，再搭配我特別錄製的QR CODE影片一起做運動，跟著音樂一起舞動比較不枯燥乏味，每天動一動就能打造出完美曲線喔！

WARMING UP

動 熱身操

功效 熱身操是在做進階操1、2前做，主要功用是讓身體發熱、心跳率加強，之後做進階操時比較不會受傷。

1 踏步走，肩膀先向前轉8圈，再向後轉動8圈。動作時，均衡吸吸即可。

NOTE

做運動前先做熱身操非常重要，若沒有先熱身，讓自己的心跳值達到一定的頻率再運動的話，很容易會造成運動傷害。

2 踏併步，雙手手臂向前轉，左右手共做4下。接著手臂向上轉，左右手共做4下。動作時，均衡呼吸即可。

3 手臂往前自由式做4下，再往後做仰式4下。動作時，均衡呼吸即可。

4 身體橫移，雙手手臂左右伸曲做8下。
手內縮時吸氣，手往外時吐氣。

5 身體橫移，雙手手臂斜上伸曲做8下。
手內縮時吸氣，手往外時吐氣。

6 單腳左右向前提膝，雙手往上舉再向下壓，共做8下。手往上時吸氣，向下壓時吐氣。

7 單腳左右向旁提膝，雙手從上向外打開，由兩旁向下壓，共做8下。手內縮時吸氣，手往外吐氣。

8 馬步深蹲，雙手向旁彎曲平舉，大拇指向下，收起胸前交叉，共做8下。

9 左右交換弓箭步，雙手向旁平舉，身體向前，胸口下壓，共做18下。身體在平移到外即吐氣，身體移動時吸氣。

10 向左轉身，右腳向後伸直點地，雙手臂向前擺，右腳向前舉高，雙手臂向後擺。做4下後換邊再做，最後回到預備動作。手往上時吸氣，膝蓋向上時吐氣。

進階操 1

功效 結合了皮拉提斯、瑜珈、拉筋、訓練肌耐力等動作，建議先看書本的動作內容，稍微了解後再搭配QR CODE來做動作，熟練之後可以再自行搭配進階操1→進階操2的訓練方式。

1 深蹲，雙手由下往外畫弧到上下揮動，站立時吸氣、蹲下時吐氣，共做8下。

2 右弓箭步，左手臂向上，右手臂向下，與地面呈垂直線，做2下後換邊再做，共做4次。身體平移到外時（手剛好點地）吐氣，身體在移動時則吸氣。

3 右弓箭步，左手臂向上，右手臂向下，與地面呈垂直線，每邊各做1下後換邊再做，共做8次。身體平移到外時（手剛好點地）吐氣，身體在移動時則吸氣。

4 向右轉身成高跪姿，交換腳前後跳7下後，再跳轉身向前，同時向上拍手跳躍。向上跳時吸氣，回到地面時吐氣。

5 轉回正面，馬步跳1下，再將右腳放前、左腳放後馬步跳1下。換邊將左腳放前右腳放後跳1下後，馬步再打開。臀部向下深蹲彈動4次後換邊再做，左右邊共做4組。向上跳時吸氣，回到地面時吐氣。

6 右腳膝蓋彎曲向左，雙手上擺（換邊交換），共做8下。手往外時吐氣，手上擺時吸氣。

7 左腳放後向上踢腿，雙手向上舉，共做8下。腳抬高時吐氣，放回地面時吸氣。

8 左腳膝蓋彎曲向右，雙手上擺（換邊交換），共做8下。手往外時吐氣，手上擺時吸氣。

9 右腳放後向上踢腿，雙手向上舉，共做8下後，身體轉正。腳抬高吐氣，放地面時吸氣。

進階操2

工具 啞鈴、彈力帶

功效 難度稍微提升，搭配了啞鈴、彈力帶等工具，可以訓練到全身的肌肉。建議先看底下的動作內容，稍微了解後再搭配QR CODE與我一起做動作，熟練之後可以自行搭配訓練組合。

1 雙腳併攏，雙手放鬆，膝蓋向內彎曲左右8下。均衡呼吸即可。

2 雙腳動作同時，雙手拿啞鈴舉至胸前，膝蓋繼續向內彎曲左右8下。均衡呼吸即可。

3 雙腳動作同時，雙手輪流交換向前平舉，膝蓋繼續向內彎曲左右8下。均衡呼吸即可。

4 雙腳動作同時，雙手輪流交換向上高舉，繼續膝蓋向內彎曲左右8下。均衡呼吸即可。

5 雙腳動作同時，雙手輪流交換向旁平舉，繼續膝蓋向內彎曲左右8下。均衡呼吸即可。

6 雙腳向旁開併步移動，雙手輪流交換向旁（或上）舉，共做8下。均衡呼吸即可。

7 雙手向上高舉，彎曲時啞鈴放置頭後蹲馬步，1組做8下，共做2組蹲馬步。蹲下時吸氣，起立時吐氣。

8 開併跳4下後，將啞鈴換成彈力帶。
均衡呼吸即可。

9 雙手平舉將彈力帶放至背後，雙腳打開做蹲馬步，同時拱背並將雙手向前平併攏，共做4次。手打開時吸氣，合起時吐氣。

10 雙腳寬度不變，右膝彎曲身體同時轉向右，將左手向右併攏，做4下。手打開時吸氣，合起時吐氣。

11 繼續右膝彎曲身體同時轉向右，但將左手臂向上舉，雙手臂成90度，共做4下。手打開時吸氣，向上舉時吐氣。

12 換邊再做，左膝彎曲身體同時轉向左，將右手向左併攏右手，做4下。手打開時吸氣，合起時吐氣。

13 繼續左膝彎曲身體同時轉向左，但將右手臂向上舉，雙手臂成90度，共做4下。手打開時吸氣，合起時吐氣。

STRETCHING EXERCISES

靜 伸展操

功效 做完進階操後一定要做的動作，主要是讓肌肉全面伸展，功用是收操、和緩呼吸調節，讓肌肉緩和下來。

呼吸 均衡呼吸即可。

1 雙腿盤坐，雙手放頭後，將頭向前壓低，停約16秒。

要記得挺胸、收小腹，把背打直，停留約16秒。

NOTE

做完運動後要做「伸展操」來收操，試想如果開車時突然熄火，車子是不是很容易壞掉呢？所以做完運動後，我們也要做伸展操來舒展我們的肌肉喔！

2 頭右擺，右手掌放在左側臉，停8秒後換邊再做。

3 雙腳向前伸直，雙手放兩旁地面，慢慢將肢體前屈，腳掌壓低，做8秒。

4 身體再度回到原位，將腳掌上下勾8下。

NOTE

將腳掌做上下勾的動作，有助於舒緩腿部的肌群。

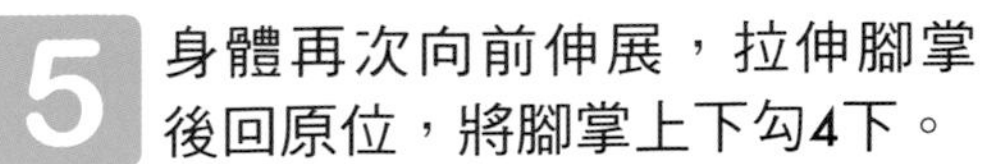

5 身體再次向前伸展，拉伸腳掌後回原位，將腳掌上下勾4下。

6 雙手雙腳向兩旁打開，身體向右邊側拉腰，停留約8秒。

★柔軟度較好的人，也可以像影片一樣拉住腳踝側拉腰。

7 雙手拍地，從右拍到左約8秒。

8 身體向左邊側拉腰，停留約8秒。

★柔軟度較好的人，也可以像影片一樣拉住腳踝側拉腰。

NOTE

利用側拉腰的方式，舒展上半身的肌肉群，是運動結束後一定要做的動作喔！

9 左膝彎曲，身體向左轉身後成趴姿。

10 上半身慢慢離地，身體慢慢延伸上來，停留約8秒。

11 小腿踢腳，上半身左右轉，眼睛要盡可能看到腳趾。共四次。

12 起身高跪姿，雙手放臀部後，向後彎腰。

向後彎腰時，眼睛看向天花板。

13 朝拜式動作，收操休息。

雙手延伸向前，身體盡量貼向大腿，可以舒展脊椎和背部。

肉鬆大嬸OUT！腰腹臀腿緊實瘦身操

—40個燃脂動作x4組全身緊實操，強效減脂練出精實線條！

作者：楊昕諭

出版發行

橙實文化有限公司 CHENG SHIH Publishing Co., Ltd
客服專線／（03）381-1618

作　者	楊昕諭
總編輯	于筱芬　CAROL YU, Editor-in-Chief
副總編輯	吳瓊寧　JOY WU, Deputy Editor-in-Chief

排版	簡至成
插畫	朱家鈺
攝影	泰坦攝影工作室
妝髮	小年的新娘秘密花園
封面設計	比比司設計工作室
製版／印刷／裝訂	皇甫彩藝印刷股份有限公司
贊助廠商	iFit 愛瘦身　LuxYoga 

編輯中心

ADD／桃園市大園區領航北路四段 382-5 號 2 樓
2F., No.382-5, Sec. 4, Linghang N. Rd., Dayuan Dist., Taoyuan City 337, Taiwan (R.O.C.)
TEL／（886）3-381-1618 FAX／（886）3-381-1620
Mail：Orangestylish@gmail.com
粉絲團／https://www.facebook.com/OrangeStylish/

全球總經銷

聯合發行股份有限公司
ADD／新北市新店區寶橋路235巷6弄6號2樓
TEL／（886）2-2917-8022　FAX／（886）2-2915-8614
出版日期／2018年7月

請貼郵票

橙實文化有限公司

CHENG -SHIH Publishing Co., Ltd

337 桃園市大園區領航北路四段 382-5 號 2 樓

讀者服務專線：（03）381 - 1618

讀者回函

書系：Beauty 03
書名：肉鬆大嬸OUT！腰腹臀腿緊實瘦身操

讀者資料（讀者資料僅供出版社建檔及寄送書訊使用）

- 姓名：＿＿＿＿＿＿＿＿
- 性別：□男　　□女
- 出生：民國＿＿＿＿年＿＿＿＿月＿＿＿＿日
- 學歷：□大學以上　□大學　□專科　□高中（職）　□國中　□國小
- 電話：＿＿＿＿＿＿＿＿
- 地址：＿＿＿＿＿＿＿＿
- E-mail：＿＿＿＿＿＿＿＿
- 您購買本書的方式：□博客來　□金石堂（含金石堂網路書店）□誠品
  □其他＿＿＿＿＿＿＿＿（請填寫書店名稱）
- 您對本書有哪些建議？＿＿＿＿＿＿＿＿
- 您希望看到哪些親子育兒部落客或名人出書？＿＿＿＿＿＿＿＿
- 您希望看到哪些題材的書籍？＿＿＿＿＿＿＿＿
- 為保障個資法，您的電子信箱是否願意收到橙實文化出版資訊及抽獎資訊？
  □願意　　□不願意

買書抽大獎

- **活動日期**：即日起至2018年8月31日
- **中獎公布**：2018年9月5日於橙實文化FB粉絲團公告中獎名單，請中獎人主動私訊收件資料，若資料有誤則視同放棄。
- **抽獎資格**：購買本書並填妥讀者回函寄回（影印無效）+到橙實文化FB粉絲團按讚，或是拍照寄MAIL到公司信箱參加抽獎。
- **注意事項**：中獎者必須自付運費，詳細抽獎注意事項公布於橙實文化FB粉絲團，橙實文化保留更動此次活動內容的權限。

CENTURION JOLIEKIT 裘莉包
限量 3 個

橙實文化FB粉絲團：https://www.facebook.com/OrangeStylish/